U0080024

VoIP 網路電話進階實務與應用

賴柏洲、陳清霖、林修聖、呂志輝、陳藝來、賴俊年　編著

 全華圖書股份有限公司　印行

序言

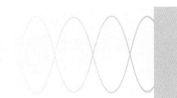

在過去，傳統 PSTN 與 Internet 分屬於不同連絡網路，傳統 PSTN 電信網路僅單純的用來傳輸類比電話及傳真。而網際網路則是處理數位文字、資料的傳送。由於數位信號處理技術的進步，結合網際網路與電話多功能技術，而衍生出更多新的應用與產品服務。不僅打破傳統電信短、長途電話收費標準，並透過傳統電話與行動電話的發展技術讓 VoIP 更能提供語音、檔案、影像、文字…等多元化的加值服務。

本書『VoIP 網路電話進階實務與應用』，從最基本的傳統電話設備系統之演進及其架構，進入網際電話的領域與運作方式以及行動電話的整合，透過探討傳統有線電話與網路電話及行動電話的系統轉換，引領讀者有系統的瞭解最新的網路電話相關技術與設計的核心精神，以及網路電話的進階與實務應用；包含公眾電話與網路電話系統之互通與整合機制與標準、網路電話設備的種類分析與技術探討、並熟悉網路電話技術及其應用的原理。

讀完本書的讀者即可明瞭網路電話系統的實際應用。舉凡在資訊網路及通訊領域的學習者或相關產業之技術人員將是一本不可或缺的實用書籍。

賴柏洲　陳清霖　林修聖　呂志輝　陳藝來　賴俊年

謹識　於國立台北科技大學

電腦與通訊研究所

前言

　　本書『VoIP 網路電話進階實務與應用』，主要是讓即將進入網路資訊，以及對通訊網路電話領域學界、業界以及學子而編寫的教科書。近年來，由於 VoIP 技術日益成熟與語音通訊品質的提升，網路語音通訊服務成為大家熱烈討論的研究話題。VoIP 具體應用和服務如 Skype、MSN、Yahoo、QQ 等，多以網際網路為語音通話為橋樑，也就是電話語音可以低成本的方式傳輸於網路上，如此將可節省個人或企業的通話費用。目前，一般個人與中小企業建置率卻偏低，其主要原因在多數人的思維一直著重在節省通訊費的成本方向，另一方面又因對網路電話不太了解及網際網路的陌生。而忽略了如何在現今高速網路架構下及企業內相關的既有通訊設備上，做有效的利用來建置一套具體且節省相關設備投資費及話費的可行方案。利用方便性、經濟性且有效的整合手段，真正達到中小企業通訊節費及無限制免費通話的目的。

　　本書以淺顯易懂的文字內容來表達，深入淺出，配合詳細的圖片系統介紹，就算是略懂電話系統及網際網路架構的初學者也能有系統的閱讀學習。有鑑於目前市面上，探討網路電話相關的書籍中大都偏重於技術規範理論的介紹與陳述各類協定，且無實務上的進階應用。本書出版的目的是以網路電話進階與實務應用為主，並以實際案例說明如何將網路電話導入於一般電話機、電腦以及 3G 手機。

本書的範圍與應用

　　VoIP 的討論話題吸引完全不同背景的研究人員，從一些參考文獻及市面上探討網路電話相關的書籍中，可看到大家在大型電話交換機(PBX)介接技術上做研究與探討，並無針對一般中小企業所採用之小型傳統按鍵式電話系統(KTS)介接技術做實務的應用介紹。本書以 VoIP 語音技術相關內容與 KTS 介接互通技術，其主要方法是在一般中小企業內既有 KTS 及電話設備不更動的情形下，如何將 VoIP 運用結合 KTS 系統上，並整合無線網路(WLAN)電話及電信業者所推行各式各樣的電信加值服務(如 3G 行動電話及網內互打免費)，以建置企業內網路電話嶄新系統，使中小企業及家庭、個人用戶皆可享受到無限制免費通訊的好處。並以實作案例提供實務上有價值的參考方案與依據。

章節內容與架構安排

本書是針對 VoIP 與 KTS 介接技術方面探討，相關於 VoIP 與 PSTN 介接技術方面也會加以介紹，並對 VoIP 所使用三種不同協定 H.323、MGCP、SIP 的介接協定分析。整個編排方向與內容偏重於中小企業內既設 KTS 電話系統如何整合於 VoIP 網路架構內，在完全不需要更換設備及線路下達到使用 IP Phone 的目標，運用最少的經費達到節省企業電話通訊費用。主要章節內容與架構安排會以此方向為主軸，並同時以一家中小企業公司所提供的實際場地，實務操作 KTS 整合於 VoIP 的架構下導入使用網路電話及其他通訊設備應用。

首先，本書架構流程如下圖所示，章節安排由第一章傳統式電話系統的演進介紹，及其基本構造與功能說明，希望讀者在開始進入網路電話具體細節之前，需要對於傳統按鍵電話有初步的認識。第二章則介紹公眾交換網路(PSTN)與 VoIP 之架構，包含傳統電話網路架構與分類，及最常利用的第七號信令(SS7)及其傳輸方式；Internet 網際網路快速發展成為 VoIP 免費的傳遞骨幹，於是傳統電話網路與 IP 網路轉換設備介接成為新一代節費方式，因此；本章將討論：傳統電話網路與 IP 網路的基本觀念、架構及相關概念。第三章主要探討 VoIP 的架構技術開始，分析基本原理與架構、主要構成元件及網路設備。藉由 Internet 盛行與普及，企業內部網路架設，使得個人或企業可以用最低成本與最快速度取得所需資訊，更提升了工作效率。透過 VoIP 技術很容易將語音封包、影像資料一樣傳輸於網路系統上，也就是把電話交談語音轉成資料，一樣以幾乎免費的方式傳輸於網路系統上，如此，將可以大大節省個人或企業通話費用。第四章為各種 VoIP 通訊協定介紹及比較分析，如 H.323 通訊協定以及附屬的相關協定、MGCP 通訊協定與目前最重要的 SIP 通訊協定，包含基本功能、特徵、組成元件、語法與訊息方式，最後再做三大協定比較。第五章為 VoIP 網路介面應用分析，有 xDSL 與 NAT、VoWLAN、VoIP 與 3G 行動網路技術應用介紹，以及 VoIP 與傳統電話的類比介面技術介紹。第六章為 VoIP 主要元件 IP PABX 主機、IP Phone 話機、IP Gateway 閘道器實務介紹與比較分析。在 VoIP 網路佈署中，主機系統是 VoIP 平台核心設備，而整體功能的表現，成為佈署的成敗關鍵，因此合適的 IP 通訊設備，成為非常重要的選擇，故針對 SIP Server、SIP Softswitch 與 IP PABX 差異說明分析，能夠徹底了解系統功能及使用需求，方能使 VoIP 有效成功佈署與建置。第七章為以 VoIP 介接於 KTS 實際整合設計與應用實務介紹，實際案例由某一中小企業為規劃設計的案例，設定有台北總公司、上海分公司以及昆山分公司，該企業員工、關係企業及協力廠商為使用人員，來規劃並架設一套 VoIP 系統，如何以現有 KTS 系統導入 VoIP 網路系統的實作過程與具體的應用實務說明。第八章為實例測試成果分析及討論，在本章節中，我們要來驗證及測試整體 VoIP 系統的運作成果分析，將分為二部份來做討論與分析：第一部份為整體 VoIP 系統操作說明，主要以各分機互撥實測與記錄證明，相關問題並討論，第二部份為 VoIP 品質效能評量標準與量測方法。

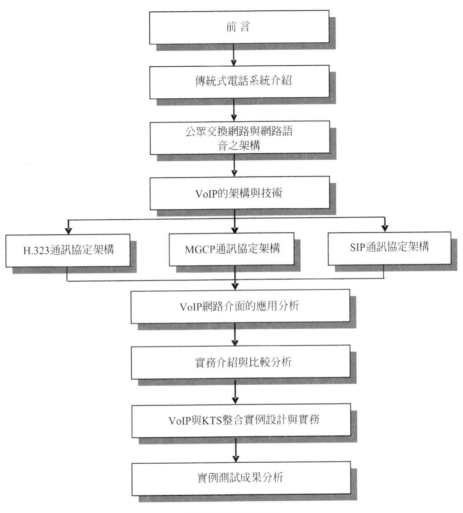

本書的架構流程圖

教學的建議

　　對本書的閱讀能力，最好已經具備電腦網路與計算機概論等相關的學習基礎，比較能瞭解電腦網路系統及網路電話在設計上相關通訊協定語言的運作方式與原理架構。本書適合電子系、電機系、資訊系、通訊系等相關學習領域之大三、四及研究所一年級學生研讀，或業界有線、無線通訊與網路電話設計相關的技術人員自修研習用，當然對網路電話有興趣的讀者，也能用來一探網際網路通話的奧秘。針對學校因課程時數的不同，教師可依課程內容及學生程度背景，自行決定篩選適合的章節課程上課。

感謝

本書結合多位大學教師與 20 年以上在通訊專業領域的系統工程人員，歷經一年多的時間共同完成編寫，期間為了順利掌握豐富貼切的資料內容，在實際網路環境評估、系統通信平台架設及運用測試時，作者群多次辛苦的往返於台北、上海、昆山、金門等地以及所有的終端機裝設點，實務調教到系統完全正常穩定。感謝作者群：台北科技大學電子系電通所賴柏洲系主任暨所長、黎明技術學院電子系 陳清霖講師、台北科技大學電通所 林修聖(博士候選人)、精緯工程顧問公司 呂志輝總經理、康飛電子公司 陳藝來總經理、信祥資訊公司 賴俊年協理等專業先進，在專業知識與實務經驗上，提供許多寶貴的經驗與研究應用成果，期望本書經驗能為有興趣的讀者提供通訊與網路電話應用領域實務基礎。

網路系統的應用發展迅速且涉及的領域也相當寬廣，作者群在專業領域的理論與實際應用經驗有限，本書雖經多次編排校稿，筆者才疏學淺，難免有些疏漏或錯誤之處，尚祈學者先進不吝賜教，俾有機會再版時更正，是感至幸。最後，本書承全華圖書股份有限公司 陳本源董事長及全體同仁的贊助與支持，使本書得以順利完成，在此致十二萬分謝意。

策劃編輯：呂志輝、陳清霖

謹識　於國立台北科技大學
電腦與通訊研究所

編輯部序

　　「系統編輯」是我們的編輯方針，我們所提供給您的，絕不只是一本書，而是關於這門學問的所有知識，它們由淺入深，循序漸進。

　　由於數位訊號處理技術的進步，結合網際網路與電話多功能技術，不僅打破傳統電信短、長途電話收費標準，並透過傳統電話與行動電話的發展技術讓 VoIP 更能提供語音、檔案、影像、文字…等多元化的加值服務。本書內容從「傳統的電話通訊傳輸」與「PSTN」開始介紹，再一步步經由 VoIP 的「架構」、「技術」及「通訊協定」，引領讀者前往「應用」層面發展。本書經由學術及科技業界菁英人員共同編著而成，內容不僅僅是理論，更包含實務經驗應用成果。本書適合科大電子、通訊系「網路電話」課程使用。

　　同時，為了使您能有系統且循序漸進研習相關方面的叢書，我們以流程圖方式，列出各有關圖書的閱讀順序，以減少您研習此門學問的摸索時間，並能對這門學問有完整的知識。若您在這方面有任何問題，歡迎來函連繫，我們將竭誠為您服務。

目錄

第一章　傳統式電話系統介紹

　　在開始進入網路電話具體細節之前，需要對於傳統按鍵電話有確切的了解，電話系統現在已經成爲我們生活的一部份，只要透過一部話機，即可和全世界任何角落的人們溝通訊息、意見交換等。傳統電話網路，可以說是揭開了人們通訊時代序幕的功臣，發展至今電話系統已有百年的歷史，依目前的用戶自動電話交換機(Private Automatic Branch eXchange；PABX)，系統功能可以說十分的完善，再發展延伸的新功能實在有限。近年來，隨著網際網路的普及，我們大部份的通訊也漸漸使用網際網路，做爲通訊的傳輸媒介，例如，電子郵件、MSN、Skype、Yahoo…等，都是透過 Internet 的網路來進行訊息雙向傳遞。如今各電信業者，希望將傳統電話網路和現有的數據網路基礎設施做結合，應用網路語音協定(Voice over IP；VoIP)的技術來撥打電話，降低傳輸成本，爭取更多用戶使用，列爲發展的重點工作。

　　爲儘可能瞭解在按鍵電話系統(Key Telephone System；KTS)或 PABX 系統上結合 VoIP 的具體成效，我們就必須先知道傳統 KTS/PABX 系統有哪些功能，因此在本章一開始先說明傳統電話的基本構造及原理說明。

 ## 1-1　電話機的演進

　　電話(Telephone)，來自於希臘文"tele"及"phone"，分別意指遙遠的及聲音，電話機主要功能是將人的聲音物理量能，經由電磁轉換爲電能，依電話機特性，透過傳統電信線路，做雙向傳輸語音的終端設備。

　　亞歷山大格雷厄姆·貝爾(Alexander Graham Bell)因申請到電話專利，而被認爲是電話的發明者，而讓未繳交專利費的安東尼奧·穆齊(Antonio Meucci)失去了這個榮耀；然而美國國會，終於在 2002 年 6 月 15 日 269 號決議，確認穆齊才是電話的發明人，給予穆齊電話發明的肯定；但是貝爾在通訊上的卓越研究，仍然功不可沒。

　　穆齊於 1860 年首次向公眾展示了他的電話發明，並在紐約的義大利語報紙上發表關於這項發明的介紹[1]。電話發明至今從工作原理到外型都有不小的變化，歷史上對電話的改進和發明包括[2]：

1.　貝爾的電話機模型

　　　　如圖 1-1 所示這是貝爾於 1876 年完成的最早電話機模型，其功能為全聲頻送(收)話器，話機可將聲音轉變為電的變化，經由線路傳送至遠方。其作用的原理為，把一塊經過磁化的簧片放在圓形薄膜的中心，此薄膜又放在一塊電磁鐵中，有人講話時，薄膜就會振動，並感應出電的變化，傳送至線路的另一端，由相同的話機轉變為聲音。後來商用的話機基本上各組件及功能都由此方式演化進步。

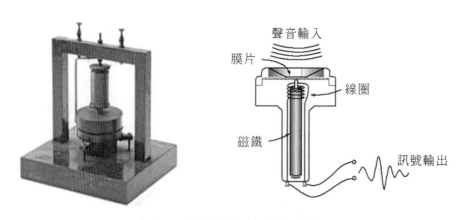

圖 1-1　貝爾發明的電話機模型

2.　手搖磁石式電話機

　　　　如圖 1-2 所示，這是早期的一種人工交換式話機，該話機是由通話、信號發送和信號接收之部份組成。其感應發電原理是利用手搖把的轉動使磁場被線圈切割，產生迴路電流使對方電話鈴響，也因此音量與次數都由發話方把手轉動速度和次數決定。設計時將聽筒與話筒分開，是為了方便使用。

圖 1-2　手搖磁石式電話機

3.　共電式電話機

　　如圖 1-3 所示，所謂"共電"，即通話及振鈴統一由機房之共電式交換機集中提供，屬於人工式電話機，改善磁石式電話需要使用電池的不變，發話時只要拿起聽筒，機房的接線生即看到亮燈，插塞繩與主叫用戶通話後，再接通要呼叫的對方電話機，而連接兩端通話。

圖 1-3　共電式電話機

4.　撥號盤式自動電話機

　　如圖 1-4 所示，此種話機為撥盤式電話機(又稱十位脈衝式撥號)為第一代配合機電式自動交換機的電話機，呼叫對方不需要接線生幫忙，只要撥號盤上的數字，即可透過機房內的機電式自動交換機來轉換對方並與之通話，利用撥號盤的轉動產生脈衝信號，如撥「1」，送出一個斷續脈衝；撥「5」，則送出五個斷續脈衝，此信號送到交換機，交換機據以移動機件，找到被叫對方的正確位置，再振鈴對方話機，完成電話的接通。

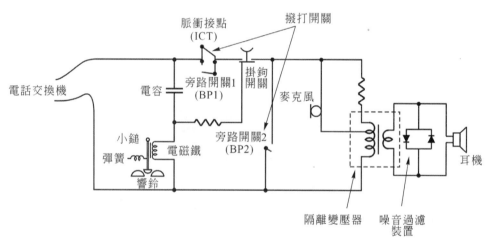

圖 1-4　撥號盤式自動電話機及電路結構

5. 雙音多頻按鍵式電話機

　　如圖 1-5 所示，此種話機是基於雙音調多頻率(Dual Tone Multi Frequency；DTMF)為基礎，與傳統的十位脈衝式電話傳送訊號有所不同，配合電子式自動交換機的電話機。按鈕式自動電話機以 0 至 9 的數字和符號鍵「＃、＊」，均分別用高、低頻兩個為正弦波的單音頻合成信號來代表。發話者撥號後，話機將此複頻信號送給機房的交換機，交換機再轉成對應的號碼，決定其收容的位置後，以振鈴呼叫受話端的被叫用戶。

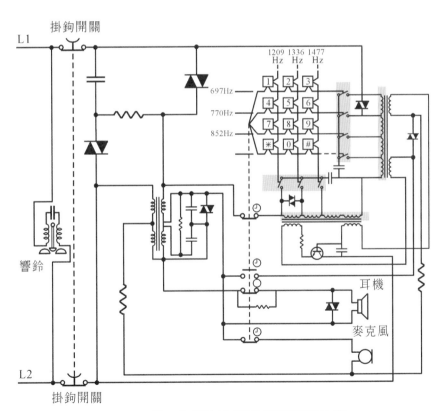

圖 1-5　雙音多頻按鍵式電話機及電路結構

6. VoIP 電話機

拜網際網路所賜，近幾年除了傳統 PSTN 電話機外又發展出一系列屬於 IP 網路電話機，如 IP Phone、無線傳輸的 WiFi Phone 以及提供影像傳輸的 Video Phone 等不同的型式產品，如圖 1-6 至 1-8 所示，此為網路使用者的終端設備，在第六章會詳盡探討其應用說明。

圖 1-6　網路電話(IP Phone)

圖 1-7　無線電話(WiFi Phone)

圖 1-8　影像電話(Video Phone)

1-2　交換機的演進

有了電話以後，大家也慢慢的開始使用電話，當使用需求愈來愈多之後，問題是如何將用戶與用戶之間連結起來？於是用戶與用戶之間通話經過連結，於是交換機產生了，同時創造了全新的通信的商機。交換機的發展可分為下列幾個階段：人工式、機電式、電子式、數位式及網路式。

1. 人工交換機

　　西門子霍斯克(Siemens & Halske；S&H) 1877 年開始研發全世界第一套電話系統，並於 1981 年在德國設置第一套電話交換機，交換機設備簡單，容量小，採用的是人工交換操作，必須由話務員(Operator)坐在交換台前，手持接線話繩，一端插接主叫的用戶，一端插接被叫的用戶來完成使用者電話間的接線與拆線，因接線生服務的能力有限，且需佔用大量人力，話務員工作繁重，當接線生接電話忙的焦頭爛額，就容易造成接錯線。此階段的交換機有：磁石式電話交換機(Magneto Telephone Exchange)，及共電式電話交換機(Common Battery Telephone Exchange)。

圖 1-9　人工交換機

2. 機電自動交換機

隨著自動工業發展，人工逐漸被機取代，自動式交換機也孕育而生；機電自動交換機是一部繼電器邏輯的計算機，使用馬達、凸輪、旋轉開關和繼電器等，完成電話撥號控制及交換，交換機類別有步進式、全繼電器式、X-Y 式、配電盤式以及縱橫式等。

所謂自動式交換機，是靠位址編號(即電話號碼)原則，發話者使用撥號盤式電話機發送被叫號碼，而交換機依所撥的號碼一步一步自動接續的，以機械動作替代人工，交換機依撥號進行自動選線，控制交換機的機械，來建立通信路徑。例如，用戶撥號"1"，發出一個脈衝電壓，這個脈衝電壓使接線器中的電磁鐵移動一次，接線器就向前動作一步。用戶撥號碼"2"，就發出兩個脈衝電壓，使電磁鐵移動兩次，接線器就向前動作兩步，依此類推。

世界上第一台步進式電話自動交換機(Step By Step Telephone Exchange)於 1889 年 3 月 12 日由美國人史特勞傑(Almon B. Strowger)正式發表及提出專利申請，並於 1892 年 11 月 3 日在美國印第安納州拉波特(La Porte)設立世界上第一個步進式自動電話局，共 75 門。至此開始的 80 年，自動電話交換機迅速發展，並相繼生產了許多改進的機型。

1926 年，瑞典研製出了第一台縱橫電話交換機(Crossbar Telephone Switching System)，並在松茲瓦爾(Sundsvall)設立了第一個縱橫實驗電話局。"縱橫"的名稱來自縱橫接線器的構造，它由一些縱棒、橫棒和電磁裝置構成，控制通過電磁裝置的電流可吸動相關的縱棒和橫棒動作，使得縱棒和橫棒在某個交叉點接觸，從而完成電話接線的工作。

從三十年代起，歐美國各國家也開始大力研製和發展縱橫式交換機，到五十年代，縱橫式交換機已達到成熟階段。由於縱橫式交換機 採用了機械動作輕微的縱橫接線器，並採用了間接控制技術，使它克服了步進式交換機的許多缺點。特別是它能適用於長途自動交換，因此五十年代以後，縱橫式交換機在各國得到了大量的推廣和應用。由於步進制交換機和縱橫式交換機的主要元件都採用具有機械動作的電磁元件構成，因此，所使用的電話為轉盤式，利用轉盤回時的機械時差來定位你要撥打的門號位址；這種交換機接續比人工交換機快，但控制方式固定，所能提供的服務仍局限於語音服務。

圖 1-10　縱橫電話交換機

3.　類比電子交換機

　　隨著近代電子半導體技術的發展，電話使用需求量也提高，為了提高電話撥接速度，降低體積龐大的電磁元件，減少系統耗電，於是開始使用電子元件，逐步取代速度慢、體積龐大的電磁元件。於是出現了準電子電話交換機(Quasi-Electronic Telephone Switching System)，是自動交換機的第二代機種。1960 年，大型積體電路的發展及應用開始，電腦出現了，使得自動交換機的發展產生了重大轉變，以軟體控制取代機電式的硬體控制。美國貝爾系統成功試用程式儲存控制交換機(Stored Program Controlled Switching)，並於 1965 年 5 月世界第一部程式儲存控制電話交換機開始運作。該機採用電腦作為中央控制設備，由電腦來控制接續工作，該交換機屬於程式儲存控制空間分隔電話交換機(Store-Program Control Space Division Telephone Exchange)，這種交換機的控制方式比較靈活，但每一接續通路還是需占用一條實體路徑。另外，它的傳輸仍為類比式，比較容易失真。電子式交換機採用陣列式座標的的定位，以及 DTMF 的方式，電話則由撥盤式改成用按鍵式；不過此時的電子交換機還沒到真正的數位化。

4. 數位交換機

1970 年，法國設立了世界上第一部程式儲存控制數位電話交換機 (Store-Program Control Digital Telephone Switching System)。隨後，歐美各國相繼使用。數位交換機，達到了交換機的全電子化，同時也達到了由類比空間分隔交換走向數位分時交換轉的重大轉變。到了八十年代，數位交換技術日漸完善，博碼調變(Pulse Code Modulation；PCM)的語音數位化技術和分時多工(Time division multiplexing；TDM)的交換技術出現，數位交換機，終於開始了『語音』是數位資訊，並走向數位交換技術的主導地位。在網際網路尚未發達時，數位交換機的數位分封交換與數位傳輸相是是當時的主流，並構成整合服務數位網路(Integrated Services Digital Network；ISDN)。數位交換系統 不僅達到了語音交換，也完成非語音服務的交換。

5. 網路交換機

近 10 年來，網際網路的高速發展，網路頻寬不斷擴大，使得數據傳輸成本急速下降，相對於電信數位網路，產生了非常大的價格空間，另外加上電信公司在壟斷市場下的另一種激發，於是運用網際網路收費的計算和電話有不同的差距，產生了『語音封包』的概念，把聲音數位化包在網路利用 IP 的方式傳送，VoIP 開始了，以協定的定義要用『IP』和『封包』模式傳送，改變了傳統交換機『位址門號』和『迴路』的 PCM 模式傳送。隨著頻寬加大 VoIP 的技術還能加入更多的功能，突破以往的電信功能只能簡單的做語音或數據傳送；隨著各種新的 VoIP 協定出現，諸如 H.323、MGCP、SIP 等，從線路交換(Circuit switch) 轉變為封包交換(Package switch)，IP 交換機將成為新的交換機系統主流。

1-3　基本構造與功能說明

1-3-1　基本構造

1.　傳統的電話機是 PSTN 網路的起點和終點，當我們拿起電話聽筒並且打給一位遠方的朋友時，背後的線路正有許多的機能正在進行中。首先話筒會聽到一個撥號音(Dial tone)，然後可以透過按鍵(Touch-tone)來撥打對方號碼。經由家中牆壁上的 RJ-11 插座(Registered Jack)線路連接電話公司的電話總機房(Control Office；CO)的電話交換機。假設撥號給朋友的電話號碼是 2222-5757，則由所撥的號碼產生的音調(DTMF tone)透過二條電線離開電話機，進入到牆壁的 RJ-11 插座，並且回到自己本地電話局總機機房的交換機。這二條電線被稱之為尖塞(Tip)和振鈴(Ring)電線[3]。

　　尖塞和振鈴的名稱最早使用於接線生介接兩端通話者的通話所使用的插頭。如圖 1-11 中所示，在這個插頭上有三個導體。連接至插頭尖端的導體就叫做尖塞，連接至鈴聲部份的導體就叫做振鈴。

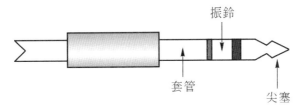

圖 1-11　尖塞和振鈴的構造。

2.　再來我們談電話機，每一部所使用的話機至少應具備執行下列幾種功能的能力[4]：

(1)　對應自己本地電話局總機房所發出要使用電話網路的請求。

(2)　了解目前電話網路的狀態，通常以話筒拿起所聽到的信號音(Tone)確認。

(3)　所撥的號碼轉告知本地總機房。

(4) 來話通知與撥通電話後，電話網路的正常使用。

(5) 將聲音傳送到電話網路上，並由電話網路接聽對方的聲音信號。

1-3-2 基本原理

經過百年來的發展，電話機已能有效且容易執行上述的各項功能。圖 1-12 代表了典型電話機的分解方塊圖。

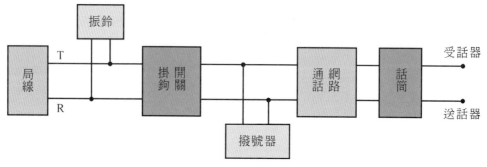

圖 1-12　電話機基本單位

1. 局線

   局線(T 和 R，也就是尖塞和振鈴)本身為二條電線，從家中到電話公司總機房由它來扮演一個重要的連接角色。此連線被稱之為「本地迴路」(Local loop)。主要工作用來傳送語音信號、撥號碼信號以及振鈴信號，沒有它是行不通的。

2. 振鈴

   振鈴是由局端交換機傳送至電話機的一個電壓訊號，此訊號為 60-90V 的交流電，頻率為 20-25Hz，用來推動收話者話機的振鈴線圈 (Ring-coil)交替的開與關。響鈴模式是響一秒休息二秒，被稱之為「振鈴間隔」(Ring cadence)，如圖 1-13 所示。

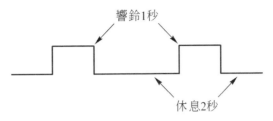

圖 1-13　振鈴模式示意圖。

　　表 1-1 列電話機的不同狀態[5]，可以依 R/T 不同的電壓形式，表示其使用狀態。

表 1-1　電話機電壓狀態表

電話機狀態	R/T 電話線電壓
On-Hook(未拿起話機聽筒)	DC48 伏特
Off-Hook(拿起話機聽筒)	DC3-12 伏特
Ringing(話機鈴響)	AC60-90V、20-25Hz

3. 掛鉤開關

　　掛鉤開關(On/Off-Hook switch)，它是一個控制電話機的通話電路與 PSTN 網路連接的開關。話機的聽筒未拿起前，叫做 On-Hook，話機的聽筒拿起，叫做 Off-Hook。也就是話機的掛鉤開關線路呈現開路與斷路的現象。如此便可將電話連上 PSTN 網路。

4. 撥接信號

　　撥接信號，其方式有音頻式(Tone)和脈衝式(Pulse)兩種，目前市場上大多使用的是音頻式，較脈衝式，具備更有效率的的位址訊號傳送(Address signaling)。其規格如表 1-2 所示，採用兩個同步的頻率的指定組合，每一個按鍵音都是由一個高頻及一個低頻所合成的複頻聲音，可以防止誤撥的情況發生及背景噪音造成的誤判。此訊號經由話機到局端交換機，交換機再經過頻濾波器，將此訊號轉換成對應的電話號碼轉至受話端話機。

表 1-2　雙音多頻式頻率表

音頻頻率	1209 Hz	1336 Hz	1477 Hz	1633 Hz
941 Hz	1	2	3	A
697 Hz	4	5	6	B
770 Hz	7	8	9	C
852 Hz	*	0	#	D

5. 回鈴/忙線音

　　回鈴/忙線音(Ring back / Busy tone)就是撥號者可以聽到的對方話機狀態的聲音，這一訊號聲又屬於資訊訊號傳送(Informational signaling)類型。回鈴音訊號是由 440 Hz 與 480 Hz 的兩種音調所組成，它是由持續一秒的脈衝信號二秒的間隙信號做傳送。而忙線音訊號是由 480 Hz 與 620 Hz 的兩種音調所組成，它是複合的脈衝信號，間隔半秒的開與關鎖混合而成，一直循環重覆著，直到聽筒掛上。表 1-3 我們列出了上述各種電話系統音頻訊號對應頻率表[3]。

表 1-3　電話系統各種訊號及頻率表

訊號種類	動作說明	頻率	聲音樣式
撥號音	在拿起話筒之後撥號者所聽到的聲音	350 + 440Hz	持續不斷
回鈴音	撥號者所聽到的聲音，代表被打電話正在響鈴	440 + 480Hz	脈衝式 1 秒響，2 秒間歇
忙線音	撥號者所聽到的聲音，代表被打電話已被拿起	480 + 620Hz	脈衝式 0.5 秒響，0.5 秒間歇
錄製音	撥號者所聽到的聲音，代表這通電話無法成功地撥出，可能所有線路正忙線中	語音頻率	系統錄音

1-4　電話總機系統

　　所謂電話總機系統，全名應為電子式電話交換系統，英文名稱為 Electronic Telephone Switching system 或 Telephone Exchauge system[6]。電話總機使用的對象大都為企業公司行號、機關學校或政府單位，電話總機可匯集所有來電再轉接至其他分機，也允許來、去電在各分機間做轉接，或分機間相互的對講，功能上還具備有三方通話、會議、忙線自動轉接、保留音樂、末碼重撥、記憶號碼、撥號控制、通話時間控制、廣播及群呼等種類多樣的使用功能。

　　現代化電話總機大都以微電腦程式作程控處理整套系統，除了功能更多、通話品質更好尚可外接設備與電腦資料聯結，本書即以此為聯結重點探討電話總機系統結合 VoIP 功能的技術。電話總機因其設計方式的不同可區分為按鍵式電話總機及自動交換式電話總機兩大類，接下來我們來做一分析比較。

 ## 1-5　小型企業用按鍵式電話系統(KTS)

　　小型企業通常只需要支援 16 門外線，64 門內線分機以內的需求，如果投資採購一套大型企業用 PABX 系統可能不是明智的選擇，比較好的替代方案就是 KTS 系統。在按鍵式系統環境中，指所有外線均顯示在各分機按鍵上，使用者只要在指定的按鍵上直接抓起該號碼撥號，同時各別外線此時是否有被其他人佔線可以在自己的分機上看到燈號的顯示狀況，而不必像大型電話交換機環境中，使用者必須在話機的鍵盤上撥「9」或「0」來接取一條外線，當聽到第二個撥號音才能開始撥號，此時，如果所有外線均被佔線使用，則必須放回話筒，等待一段時間再使用話機。

　　按鍵式電話分機，須使用各廠牌專屬話機，市場上各家廠牌系統互不相容；電話機上有內/外線指示按鍵，甚至液晶螢幕及時間顯示一目了然。如圖 1-14 所示。

圖 1-14　小型企業用按鍵式電話系統(KTS)

1-6　大型企業用自動電話交換機(PABX)

　　首先了解交換機系統，經歷過好幾代的產品，無論從系統的結構和功能方面來看，PABX 包含了以下幾個功能如語音私用交換機(Voice PABX)、資料私用交換機(Data PABX)、整合服務數位網路，私人用交換機等。而交換機系統依內部傳輸資訊的方式又區分為類比式(Analog)和數位式(Digital)電話交換機。如圖 1-15 所示。

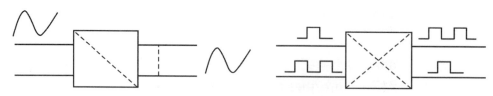

圖 1-15　類比和數位持續示意圖

　　大型企業通常則選擇 PABX 來作為企業集團內私有電話交換機。基本上從支援 20 到 20000 部電話分機都有，其「豐富的功能」，諸如對外撥號、電話分機交換、電話會議、代接、語音留言、總機自動語音應答等。只不過 PABX 高昂的初期投資成本無法給中小企業滿意的投資效益(Retarn of Investment；

RDI)。所以定義為大型企業用的電話交換機是適用於使用者比較集中，內部話務量(Traffic volume)比較大的集團，它也是 PSTN 的一種重要的延伸。如圖 1-16 所示為整體 PABX 示意圖。

圖 1-16　大型企業用電話交換機系統(PABX)

 ## 1-7　KTS 與 PABX 之比較

表 1-4 所示為 KTS 與 PABX 兩者之差別比較：

表 1-4　KTS 與 PABX 系統兩者之差別比較

	交換式電話總機	按鍵式電話總機
總機容量	適合大企業、大機關使用。可支援 20-20000 門分機。當使用者提起話筒按 9，系統會自動抓取外線。可外接設備與電腦資料連結	適合中小企業、小單位使用。支援 20-30 門分機。各外線及分機使用狀況均顯示在分機按健上使用者可直接抓取外線使用
電話分機	任何廠牌電話機皆可用，更可將分機改為無線話機，還可讓其中一支分機變為傳真機。未來換修成本低且到處找得到 ，更無需考量機種是否停產問題	專屬該廠牌，不能以其它廠牌話機互用，且；萬一該機型停產或廠商倒閉，則永遠無法換修

表 1-4　KTS 與 PABX 系統兩者之差別比較(續)

	交換式電話總機	按鍵式電話總機
分機 取得成本	較便宜	較昂貴,通常為普通話機之五倍以上價格
施工 難易度	因分機數量大,線路較複雜,需要完整規劃,所以施工成本較高	較簡單
分機外觀	較多選擇性,可隨自己喜好挑選	制式化,有的廠牌高雅漂亮,有的廠牌呆板古老
未來升級 成本	原電話機仍可用,所以成本低	必須全套連電話機全部換新,升級成本高
功能	功能較少,但該有的都已經夠用了	比較多,但不一定人人會用到,功能多變成為噱頭

習題

1. 請說明電話機的演進過程?
2. 請描述歷史上電話機改進和發明有那些型式?
3. 請說明交換機的演進有幾個階段?
4. 請比較網路交換機與數位交換機的不同之處?
5. 請描述電話機的基本原理?
6. 何謂電話機總機系統?
7. 請描述小型按鍵式電話系統?
8. 請描述大型自動電話交換機系統?

第二章　公眾交換網路(PSTN)與網路語音(VoIP)之架構

　　從電話及電話交換機發明，到快速發展，再到現在的生活不可或缺，電信事業的發展可以說是一飛沖天，也為電信產業創造了無限商機；至今，雖然電信自由化腳步加速，還有許多國家，將電信事業列為獨佔事業，主要因為其廣大的基礎建設及其產生的豐厚利益。而現今工商企業強列競爭下，生產毛利進入微利時代，各企業為降低成本，因此各企業節流的腳步漸漸擴及電話通信，因此在電信壟斷的市場下，激發出電信節費的概念，加上網路及積體電路的快速發展，VoIP便孕育而生。

　　電信節費的開始，應該是從國際電話節費開始，在VoIP還未發展時，國際電話節費最先採用的是時差法，其概念是是利用電話離峰低資費方式，再透過對方夜間回撥方式，達成節省費用目的；使用者先撥一通市內電話至節費公司，輸入預先設定的帳號，密碼及使用的電話後即可掛斷電話，使用者等待國外夜間的控制主機回撥，接到回撥電話後，即可再輸入所要撥的電話，因為夜間減價幅度很大，因此有很大的降價空間提供業者及使用者，達到節費的目的，業者只需要簡單的電腦語音設備，即可提供較低的電信資費，賺取差價。

　　Internet的快速發展，免費的網際網路成為VoIP傳遞骨幹，新一代的節費開始，於是傳統電話網路與IP網路轉換設備成為節費主流，因此本章節將討論，傳統電話網路與IP網路的基本觀念、架構及相關概念。

2-1　傳統電話網路架構

　　在傳統電話網路中，電話機透過本地迴路連線到電話公司總機機房，而電話交換機負責介接用戶設備端(即電話)而完成通話。交換機能夠接收電話機所傳來的訊號，並提供各類脈衝訊號來辨識目前對方話機的狀態，告知撥號者，並根據這些訊號來判斷所撥的號碼應該要轉送至何處。

通常電話交換機可能需要轉送的電話號碼位於不同地區的電話總機機房中，而從一個電話總機房到另一個電話總機機房的連線我們稱之為「機房間幹線」(Interoffice Trunk)，圖 2-1 為基本的傳統電話網路組成架構[3]。

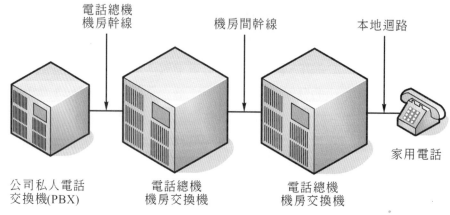

圖 2-1　傳統電話網路組成架構

 ## 2-2　主要電話網路組成元件

1. 主要傳統電話網路組成元件定義如下：
   (1) 終端設備(Terminal Equipment)：用戶端用來連接進入一個電信網路的電信設備，如電話機、傳真機(FAX)、數據機(Modem)、私人電話交換機(PABX)等。
   (2) 本地迴路(Local loops)：透過一對稱的電線(Tip/Ring)將用戶端連接至一個本地電話局電話總機房。
   (3) 電話交換機(PABX)：電話機透過撥號，讓一通電話連接至另一端的電話行為，交換機須能解讀所撥的號碼，並且轉接實際收話位置，接通兩端並且通話，同時記錄通話起始及結束時間、撥號內容等。
   (4) 幹線(Trunk)：主要介接於兩地不同電話局交換總機之線路，通常是可傳輸多個同時發生的對話，如傳統電纜 PCM 載波、光纖、地面微波、衛星微波等。

2.　PSTN 的網路架構主要由三類不同的網路所組成：

(1)　本地網路(Local Network)：本地網路通常指包括本地迴路所連線並提供企業及家庭連至本地電話局電話總機機房的線路網。

(2)　交換區域網路(Exchange Area Network)：交換區域網路通常是指二處相互連接本地電話局交換中心並且串聯交換，可擔任各別機房中間點角色。

(3)　長距離網路(Long-Haul Network)：長距離網路通常互相連結長距離之間機房的本地電話局交換中心。

2-3　交換系統的分類

就控制方式而論，主要分為兩大類：

1.　佈線邏輯控制(Wired Logiccontrol；WLC)：它是通過佈線方式來實現交換機的邏輯控制功能，通常這種交換機仍使用機電接線器而將控制部份更新成電子零件，又稱它為佈控半電子式交換機。弊端還是體積大、業務與維護功能低又缺乏系統靈活性。因此它只是機電式演變電子式歷程中的過度性產物。

2.　儲存式程式控制(Stored Program Control；SPC)：將用戶的資訊和交換機的控制，維護管理等功能預先編寫成程式、儲存到電腦的記憶體內。當交換機工作時，控制部份會自動監測該用戶的狀態與變化以及所撥出的號碼，再根據要求來執行程式，從而完成各種交換動作。屬於全電子式採用程式控制的方式。

自動交換機如果按其應用的範圍劃分，可以分為公用交換機和專用自動交換機(PABX)。公用交換機是指用於 PSTN 中，用於完成公眾電話網路使用者之間的交換連接的交換機，如 PSTN 中的市話局交換機、長途局交換機等。如表 2-1 所示為交換機發展時期各類型比較表。

表 2-1　交換機發展時期各類型比較表

類型	轉接方式	控制方式	接線方式	交換資訊
磁石交換機	人工	鈴音	塞繩	類比語音
共電式交換機	人工	環路電流	塞繩	類比語音
步進式交換機	自動	撥號脈衝	機電升降和旋轉部件	類比語音
縱橫式交換機	自動	佈線邏輯	機電縱橫接線器	類比語音
類比程式控制交換機	自動	儲存程式	電子接線器或類比矩陣 IC	類比語音、傳真
數位程式控制交換機	自動	儲存程式	TDM/PCM	數位語音、非語音資料、圖文傳真等
網路程式控制交換機	自動	儲存程式	網路封包	數位語音、影像、文字、檔案、圖片、傳真等

　　專用自動交換機主要用於使用者所在機構的內部通信、適合用於使用者比較集中、內部話務量(Traffic Volume)比較大的場合，它是 PSTN 的一種重要擴充。

2-4　類比與數位式信號的概述

　　早期我們所使用的電話網路是完全利用類比的方式傳輸，使用者線路與中繼線路、交換機的接續也都是類比信號，如圖 2-2(a)所示。隨著數位技術的進步，中繼系統也跟著數位化，理由是數位傳輸有傳輸距離遠、語音品質佳、容易進行分時多工、易於加密、再生誤碼少等多項優點。中繼傳輸由於距離比較遠、話務量較大、品質要求高所以充分利用數位傳輸的優點。如圖 2-2(b)。在市話交換機與匯接局交換機之間利用類比/數位(A/D)與數位/類比(D/A)做轉換。

由於此類彙接交換機必須經過多次類比/數位、數位/類比轉換，造成通話音質、音量下降以及成本的增加。因而很快設計出數位的交換機控制、其具有接續速度快、配置靈活、可靠性高、易於擴充等許多優點，如圖 2-2(c)所示。

　　目前的通信網路中，使用者終端設備採用類比的設備大多為類比話機仍佔很大的份量，從語音信號先經過交換機進行類比/數位轉換，再由交換機將語音訊號由數位/類比語音，因此使用者的介面電路必須同時具有類比/數位、數位/類比的轉換功能。在圖 2-2(d)中市話交換機已能利用數位介面電路連接數位電話機、數位傳真、數位電腦終端機及影像終端機等各種不同的設備。

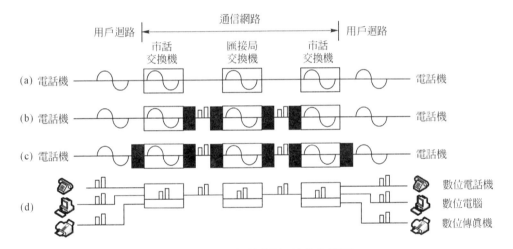

圖 2-2　電話網路類比/數位化過程

2-5　PCM · 博碼調變(Pulse Code Modulation)

　　為了要在數位傳輸線路上傳送語音信號，必須先要將類比的語音信號編成數位的格式，這種轉換可以由脈沖碼調變的方式達成。雖然一般人類耳朵可聽到範圍由 20 Hz ~ 20 kHz，但人類說話聲音頻率有效圍則在大約在 300 Hz ~ 3.4 kHz，故電話傳輸系統為了傳輸足夠清晰的語音約需 4 kHz 的頻寬，根據奈奎氏定理(Nyquist theorem)，要傳輸 4 kHz 的頻率，最少要 2 倍之頻率取樣(Sampling)，亦是需每秒 8 千次的取樣,才不致會失真。

類比的信號經過取樣,再經類比數位轉換線路,此過程稱之為量化 (Quantization),如圖 2-3 PCM 電路方塊圖,得到特定的位階。每一次取樣所得,編碼成 8 個二進位(Binary)的數據比次(Data Bits),如圖 2-4,用 8 kHz 的取樣頻率來產生非連續的 8 位元資料,共得到一個 64k 的資料流。

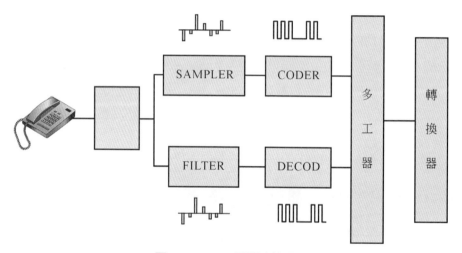

圖 2-3 PCM 電路方塊圖

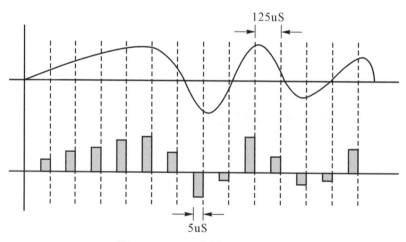

圖 2-4 PCM 取樣及量化圖例

在通訊系統中，PCM 於歐美系統亦有不同，歐規系統採用 A-law，美規系統則採用 u-law，詳細 PCM 聲音取樣頻率規定可參考 ITU-T G.711 說明。

於傳輸系統中，E1 則採用 A-law 並整合 30 個語音頻道及 1 個控制頻道做為交換機之間基本連接，另外利用 1 個 64 kpbs 頻寬做為同步訊號，所以 E1 總頻寬為 64 kbps x (30 + 1 + 1) = 2.048 Mbps。ITU-T G.732 亦對 E1 有詳細規定。T1 部分，採用 u-law 並整合 24 個語音頻道做為交換機之間基本連接；原始定義的 T1 訊號中，使用八位元的取樣大小來傳送每條電話訊號，而 24 個語音頻道便需要 8 × 24 = 192 位元，在傳送的過程當中，將這些位元加上一個同步位元，所以實際傳輸的碼框大小為 193 位元。碼框傳送的速率是 8 kHz (每秒傳送 8 千次)，所以 T1 總頻寬為 193 × 8000 = 1.544 Mbps。ITU-T G.733 亦對 T1 有詳細規定。詳細 E1 及 T1 將於後面章節詳細說明。

 ## 2-6　TDM·分時多工(Time Division Multiplexing)

TDM 主要是將數個傳送端的訊號併到同一個通道傳送，各通道資料依時間切分成許多個小時段，再由高速通道傳送這些小時段，可佔用整個通道的頻寬，如圖 2-5 所示。

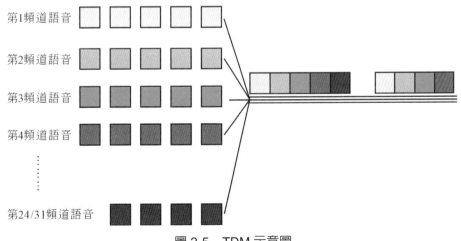

圖 2-5　TDM 示意圖

在通訊過程中，多工器就是把好幾個訊息波道以一種彼此之間不會互相干擾的方式，由同一個傳輸設備同時傳輸的過程。在同一單位時間內輪流取樣並依次安排由同一個傳輸設備經過調變在傳送至傳輸通道出去。多個在使用者在不同段時間使用相同的頻寬來傳送訊號。TDM 是常用的多工系統中最直接也最基本的方式，每個信號被取樣及數位編碼。現今數位式交換機都是使用 IC 完成多工交替連接的工作。使得大量不同信號，可以在同樣的通訊頻道上以高密度的佈線同時傳送出去。在所有通信量密度中，它們使得信號群以一個單元而更容易的被傳送，因而促進了複雜系統的操作。

　　例如有 32 個相同的訊號源其最大頻率均為 3.4 kHz，以 8 kHz 的取樣頻率對每個信號源取樣，亦即每個信號源的兩個連續取樣點的時間距離為 125us，TDM 的意思就是希望將這 32 個信號源的取樣點先出來，其次為第二個信號源的第一個取樣點出來，再來是第三個信號源的第一個取樣點出來，最後是第 32 個信號源的第一個取樣點出來，這些取樣點就形成一個資料框(Frame)，接著的又回到第一個信號的第二個取樣點，依上面的方式循環不已，但要符合取樣定理的要求，對同一信源的兩連續取樣點之間的時間距離需仍為 125 us，但現在依 TDM 的方式在 125 us 內已有 30 個的取樣點，表示要同時對 32 個信號源均以 8 kHz 的取樣頻率取樣後，還要利用 TDM 的方式傳送出去的話，其共同通道頻率需為 2.048 MHz 即可達到要求。

2-7 T1/E1 數位傳輸

　　T1 /E1 的技術根源於 AT&T T1 公眾電話網路，AT&T T1 運用 PCM 和多時分工的技術，將訊號戴在成對的電線上傳送，並且在每 6 千英呎處加上一個中繼器(Repeater)。

　　當 AT&T 推出 T1 設備之初，主要是安裝在公眾電話網路的交換局之間。由於 T1 的成功及普遍，需要安裝高速的一般電信業者處租到 T1 的設備。

2-7-1　T1 框結構

在北美，T1 傳輸已成為一個標準。美國國家標準協會(ANSI)早已定義好該數據及實體界面的規格(ANSI T1.403-1995)。ANSI 在數據服務的建議上，和 AT&T 定義上有些微的不同：每個時槽(Time slot)為 8 個位元組成，共構成193 位元的框，每個框的第一個位元為框定位位元(Frame alignment bit)，24 個時槽組成一個框。12 個框組成組成一個超框(Superframe；SF)，如圖 2-6 所示。

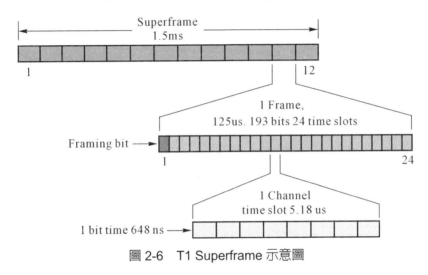

圖 2-6　T1 Superframe 示意圖

超框格式又叫做 D4 格式，於表 2-2 所示，相關的信號位元(Signaling bits)位於第 6(A-bit)及第 12(B-bit)框。

每個框由 1 個 F-位元(F-bit)及 24 個通道(Channel)構成，一個通道相當於一個語音線路或一個 64kbps 的資料線路。

框和複框由 F-bit 來定義其架構，F-bit 設計成交替的終端框位元(Terminal framing bit；Ft bit)和信號框位元(Signalling framing bit；Fs bit)。Ft bit 是在奇數框中的第一個位元，由交互的 1 和 0(101010)輪流表現之，由此可以得到框的同步，亦可以得到每個通道的位置。Fs bit 是在偶數框中的第一個位元，由001110 的碼型輪流表現之　，由此可以得到複框的同步。

表 2-2　超框(D4)格式

框的順序	位元順序	F-位元		在每個時隙中使用的位元		信號通道
		終端框 Ft	信號框 Fs	通訊	信號道	
1	0	1		1-8		
2	193		0	1-8		
3	386	0		1-8		
4	579		0	1-8		
5	772	1		1-8		
6	965		1	1-7	8	A
7	1158	0		1-8		
8	1351		1	1-8		
9	1544	1		1-8		
10	1737		1	1-8		
11	1930	0		1-8		
12	2123		0	1-7	8	B

　　擴充超框格式 (Extended Superframe Format，ESF)，其複框是由 24 個框所組成，如圖 2-7 及表 2-3 所示。其通道的架構與 SF 格式相同。其信號位元位於第 6 框(A-bit)，第 12 框(B-bit)，第 18 框(C-bit)及第 24 框(D-bit)。

　　在 ESF 框格式的 F-bit 有以下的三種功用：

1. 框碼型順序(Framing Pattern Sequence；FPS)：定義框和複框的邊界。

2. 設備資料鏈(Facility Data Link；FPL)：像錯誤狀況的訊息資料，可以透過該鏈路在 T1 傳遞。

3. 循環重複性檢測(Cyclic Redundancy Check；CRC)：一種運算法，允許錯誤狀況，品質的檢測，及提高框的接收可靠性。

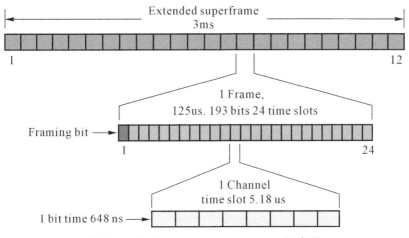

圖 2-7 T1 Extended Superframe 示意圖

表 2-3 擴充超框格式

框的順序	位元順序	F-位元			在每個時際中使用的位元		信號道		
		FPS	DL	CRC					
1	0	-	m	-	1-8				
2	193	-	-	C1	1-8				
3	386	-	m	-	1-8				
4	579	0	-	-	1-8				
5	772	-	m	-	1-8				
6	965	-	-	C2	1-7	8	A	A	A
7	1158	-	m	-	1-8				
8	1351	0	-	-	1-8				
9	1544	-	m	-	1-8				
10	1737	-	-	C3	1-8				
11	1930	-	m	-	1-8				

表 2-3　擴充超框格式(續)

框的順序	位元順序	F-位元			在每個時隙中使用的位元		信號道		
		FPS	DL	CRC					
12	2123	1	-	-	1-7	8	B	B	A
13	2316	-	m	-	1-8				
14	2509	-	-	C4	1-8				
15	2702	-	m	-	1-8				
16	2895	0	-	-	1-8				
17	3088	-	m	-	1-8				
18	3281	-	-	C5	1-7	8	C	A	A
19	3474	-	m	-	1-8				
20	3667	1	-	-	1-8				
21	3860	-	m	-	1-8				
22	4053	-	-	C6	1-8				
23	4246		m	-	1-8				
24	4439	1	-	-	1-7	8	D	B	A

附註：1. FPS 表示框碼型順序 (..001011..)。

2. DL 表示用 m 訊息傳送 4kb/s 的資料鏈通道。

3. CRC 表示用 C1 至 C6 做 CRC 檢測。

4. 信號(Signaling)有 16 狀態、4 狀態和 2 狀態。

2-7-2　E1 框結構

E1 複框(MultiFrame)由 16 個框所組成，每個框有 256 個位元，複框結構如圖 2-8，圖 2-9 所示。在 CAS 模式，每個框有一個同步通道，一個信號通道和三十個語音通道。64 kbps × 32 通道＝2.048 Mbps，在北美以外地區，廣泛地被使用。

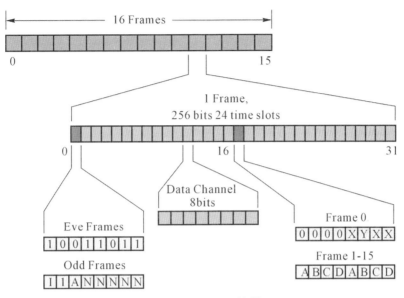

圖 2-8　E1 Frame 結構圖

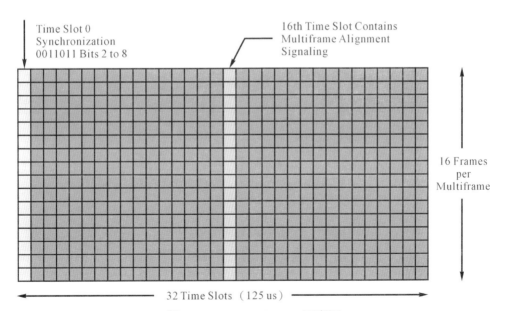

圖 2-9　E1 MultiFrame 示意圖

E1 傳輸技術有許多技術上的定義，以下為 E1 傳輸上比較重要的規範：

1. ITU G.703 界面的實體/界面的特性。
2. ITU G.704 框的同步架構。
3. ITU G.706 框定位和 CRC。
4. ITU G.821 國際間連接的誤碼品質。
5. ITU G.826 國際上用的誤碼品質及參數定義。
6. ITU M.550/M.2100 導入國際間連接服務。
7. ITU Q.400 to Q.490 R2 信號系統規劃。
8. ITU Q.700 Series SS7 Specification。
9. ITU Q.921 and Q.931 ISDN 第二和第三層。

2-7-3 線路編碼(Line Coding)

在 E1 有兩種常用的線路編碼方式：AMI 和 HDB3

在 T1 有兩種常用的線路編碼方式：AMI 和 B8ZS

1. AMI

標記交互反相(Alternate Mark Inversion；AMI)是兩線式編碼格式中最簡單的一種，資料流中的連續 1，是用交替的正脈沖和負脈沖來表示，也就是說當使用 AMI，0 就是準位 0，而 1 卻是 +/- 準位互換。當送出連續 1 時因為 +/- 對換，自動的產生 clock 同步訊號，但如果送出連續 0 時，因訊號恆為 0，就會失去同步訊號。

2. B8ZS

B8ZS 編碼(Bipolar 8 Zero Substitution；B8ZS)，基本運作方式如同 AMI 模式，但是當遇到連續 8 個 0 的資料流時，可將會特殊處理。例如：

若 1 的狀態為+，則將 00000000 轉換成 000 +- 0 -+，

若 1 的狀態為-，則將 00000000 轉換成 000 -+ 0 -+。

因爲正常狀態是不會出現++或是--的狀態，所以這個特例很容易和常態區分清楚。

3. HDB3

HDB3 編碼(High Density Bipolar 3；HDB3)的出現，亦可解決 AMI 存在的同步問題，在 HDB3 格式，連續的 4 個零會被取代成一個含有破壞點 BPV(Bi-Polar violation；BPV)的字串。接收端收到該字串後，會重新變成原始資料。HDB3 提供高密度的脈衝，讓接收端可以永遠保持時鐘的同步。

2-7-4　CRC-4

E1 傳輸使用循環重覆檢查-4(Cyclic Redundancy Check-4；CRC-4)來表示可能的位元錯誤。CRC-4 使用於 2.048 Mbps 信號的誤碼監測。

CRC-4 是在每個次複框(8 個框)資料上做基本的數學運算，得到的結果放至下一個次複框的 CRC-4 位置。接收設備在次複框上資料做反向的數學運算，得到下個次複框的四個位元的 CRC-4 檢查碼，再和接收到的 CRC-4 做比對，如果不相符合，就會產生 CRC-4 錯誤報告。

接收端 CRC-4 錯誤報告產生時，會要求發送端重送資訊，對於數據傳輸通訊，它是必要的，但是應用於純語音通訊時，CRC-4 通常是不需要啟動，因爲語音通訊是即時(Real Time)通訊，而且少量的錯誤，對於通話影響程度不嚴重，如此可降低傳輸處理的時間及設備成本。

 # 2-8　PSTN-SS7 信令系統

前面的章節我們介紹了基本傳統電話及系統，從電話機、電話網路、傳輸、中繼交換機、數位化技術等發展的歷程與架構。下面我們必須再介紹 PSTN 中一個很重要的運作系統，稱爲「信令系統」(Signaling system)。

爲了要建立電話系統電路的連線，除了要能傳送話音外，還需要傳送電話號碼與建立連線要求等控制信號(Singnal)。在第一章我們說明了電話的運作從拿起聽筒(Off hook)、聽到撥號音(Dial tone)、送出電話號碼(Dial digits)、聽到對方的回鈴音(Ring-back tone)、雙方通話、掛斷電話(On hook)。上述的每一個步驟都與通話語音無關，而是控制交換機或話機產生某些動作的過程。在電話網路上負責專門信號傳送與運作的系統，就是所謂的信令系統，PSTN 與最常被使用的信令系統一爲第 7 號信令系統(Signaling System Number7；SS7)，SS7是電話公司提供電話服務的規範。

當 PSTN 採用 SS7 後，其他任何型態的電信網路若要與 PSTN 互通，就必須依照 SS7 的規範來運作。因此新的電信網路除了要提供與現有 PSTN 相同的服務和功能。在選擇信令系統時，就要選用 SS7。如此一來，不僅 PSTN 採用 SS7，行動電話或衛星電話也適用 SS7，最終 SS7 成爲全世界共同通道信令系統(Common channel Signaling；CCS)。

SS7 網路中有一些基本的節點，包括服務交換點(Service Switching Point；SSP)、信號轉送點(Signal Transrfer Point；STP)與服務控制點(Service Control Point；SCP)。這此節點是以功能面來區分，在網路實體上不見得是獨立的個體，以下簡述這三種節點[6]：

1. SSP 就是電話網路上的中繼局交換機，負責電話的建立與終止，串聯用戶間的語音通道、收集與產生計費的資料。

2. STP 是一種特殊交換機、專門轉送 SST 的訊息，其角色就像 IP 網路上的路由器(Router)，只有單純的路由功能，不會直接互傳信令，必須透過 STP 傳送。

3. SCP 另一種交換機，可以連接資料庫或其他伺服器，以提供更多的功能。

我們以建立電話的流程，來說明這三種元件的關聯性。一般的通話，負責通話控制的信令，僅會透過 STP，而從發話端開始一站一站送到通話路徑中的每一個 SSP，讓這些 SSP 建立起電話語音通道。

SS7 是由許多通訊協定所組合而成的。如圖 2-10 是由 ITU-T 所定義的 SS7協定堆疊。圖中 SS7 採用與 OSI 相同的模型，圖右側部份爲各個 SS7 的協定，左側的說明各協定所對應的 OSI 階層。SS7 網路它提供的服務有二種，一是負責電話線路的建立與終止或終止相關的服務,二則是與電話線路建立或終止無關的服務。對應這兩種不同服務 SS7 分成與電話線路相關的信令(Circuit-Related Signaling；CRS)和與電話線路無關的信令(Non-Circuit-Related Signaling：NCRP)。我們分別討論於下一節中。

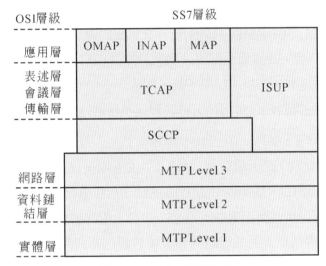

圖 2-10　SS7 協定堆疊

 ## 2-9　SS7 信令傳輸方式

如圖 2-10 所示,基本上,SS7 協定堆疊在下層之訊息轉送部(Message Transfer Part；MTP)主要是提供各個信號傳送的功能,而整體服務數網路用戶部(ISDN User Part；ISUP)負責電話的建立與終止,其餘各個協定都是屬於如查詢資料庫,電話線路的建立與終止無關的協定。

其各個訊令部門分述如下:

1. 訊息轉送部(MTP) [7]

　　MTP 的目的主要是幫忙上層的協定,將是 SS7 訊息由發送端正確地轉送到目的地。它是 SS7 協定堆疊中位於最下面的三個層級,分別對應到 OSI 中的網路層、資料鏈結層以及實體層。第一層(常稱為 MTP1)它提供兩個相鄰節點間傳送信號的承載實體(Bearer)的設定，定義於電氣與功能特性。第二層(常稱為 MTP2)在這一層中，每一筆資料皆是一個訊號單元(Signal Unit)。MTP2 是藉由 MTP1 所建立的承載實體，建立相鄰兩個元件間的鏈結(Link)以傳送訊息，也具備錯誤偵測與更正的功能。第三層(當稱為 MTP3)它負責訊號的傳送，所接收的信號單元轉送到下一節點。具備分辦傳送訊息的能力，若是自己的訊號則送往上一層(例如送至 ISUP)，如果不是，則依訊息中的目的地位址，查出應該對應的一條對外信令鏈結，將其轉送至目的地。

2. 整體服務數位網路用戶部(ISUP) [8]

在 MTP3 之上層有 ISUP 以及 SCCP 兩個協定，它分別代表 MTP3 上與電話線路相關和與電話線路無關之兩種服務信令。ISUP 是為服務 ISDN 應用所發展出來的，是 SS7 中最常用的信令協定，主要定用來當作建立電話語音通話線路的信令。其運作方式及相關的訊息我們以圖 2-11 來說明[6]。

(1) 起始位址信息(Initial Address Message；IAM)是發話端 A 的 SSP，收到完整的電話號碼後，送出用於建立起與受話端 B 的 SSP2 通話線路的 ISUP 訊息。IAM 會一直傳送到 SSP2 不管有幾個 SSP 與 STP。

(2) 位址完全訊息(Address Complete；ACM)表示受話端 B 未使用電話且線路暢通，接下來則以振鈴通知 B 電話響鈴。SSP2 則以 ACM 回傳 SSP1 開始振鈴，且 SSP1 與 SSP2 會開啟一個單向語音傳輸路徑，之後 A 即可聽到嘟—嘟—的回鈴音。

(3) 電話應答信息(Answer Message；ANM)表示 B 接電話了，可以開始通話。收到 ANM 的 SSP 則會開啟雙向通話的語音傳輸路徑，並開始計費。

(4) 釋放(Release；REL)表示 A 端掛下電話(On Hook)，此時 SSP1 會以 REL 通知 SSP2 要結束電話連線。

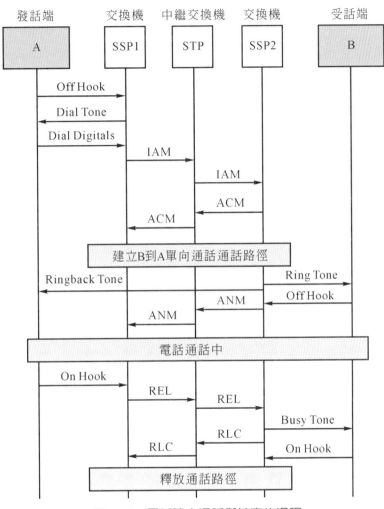

圖 2-11　電話建立通話與結束的過程

(5) 釋放完成(Release Complete；RLC)表示線路已進入閒置狀態。此信號
是由 SSP2 收到 REL 後便會回送 RLC 訊息給 SSP1，電話結束。

3. 信號連接控制部(Signaling Connection Control Part；SSCP) [9]

　　基本上 SCCP 是位於 OSI 第 3、4 層也就是網路層，主要目標是路
由工作，是幫助轉送與電話線路無關的資訊。對於需要在兩個網路間傳

送的訊號，需要 SCCP 提供更大的定址方式，以達成整個 OSI 網路屬應有的功能。

4. 信息交易應用部(Transaction Capability Application Part；TCAP) [10]

對於信息交易(Transaction)與操作程序(Procedure)上的管理，TCAP 提供兩端節點之最上層應用。應用層可以提供的 0800 免費電話服務、操作及維護、信用卡服務等應用，這些都屬於與電話線路無關的訊號傳送。

5. 行動電話應用部(Mobile Application Part；MAP)

MAP 定位於 TCAP 上層的應用層，主要處理與行動電話相關的應用服務，如建立通話、認證程序、註冊等。

6. 智慧型網路應用部(Intelligent Network Application Part；INAP)

INAP 也是 TCAP 上層的應用層，主要是處理與智慧型網路有關的應用服務，例如一般的 0800 免付費服務電話。

7. 營運維護管理部(Operation Maintenance Administration Part；OMAP)

OMAP 是屬於 TCAP 上層的應用層，主要是負責網路管理與維護的功能。

2-10 VoIP 與 PSTN 的介接技術

PSTN 與 Internet 有著完全不同的特性，PSTN 主要用於傳輸類比電話及傳真，而 IP 網路則是用來傳輸數位資料。近年來，由於數位訊號處理(Digital Signal Processing；DSP)的技術開發精進，電腦與電話的整合技術演進，也衍生出 VoIP 在內的各種整合應用。

所謂 VoIP(在第四章節會詳細討論)，就是利用 IP 網路來傳輸語音(Voice)資料，其設計的目的就是希望能夠在 IP 上提供類似傳統的 PSTN 電信網路的服務。由於 VoIP 低成本、高擴充能力、新增服務容量、移動性簡單等優點，使得此項技術也越來越受市場重視與積極採用，勢必對傳統電信產業帶來相當大的衝擊。然而這幾年，由於傳統電信系統已高普及率及其使用者的習慣，資本市場累積效應，所以眼前 VoIP 系統很難完全取代傳統電信系統，VoIP 系統與傳統電信系統勢必同時存在。

 ## 2-11　信令傳輸協定概述

　　當一個電信服務必須橫跨傳統電信系統與 VoIP 系統時，就必須考慮到如何將 PSTN 的 SS7 控制信令：ISUP 如圖 2-5 所示傳輸到 VoIP 系統中，反之則由 VoIP 系統中傳輸回 PSTN。此時，就必須透過信令閘道器(Signaling Gateway；SG)在第四章會詳細討論)來進行傳統電話訊號與 VoIP 控制訊號的轉換。SG 端與 SS7 網路連接，另一端則與 IP 網路連接，它負責橋接這二個不同網路之間的訊號溝通，所以 SG 必須同時了解 PSTN 與 IP 這兩種系統的相關通訊協定，包括有：PSTN 端用來傳送 SS7 ISUP 信令的 MTP，以及在 IP 端傳輸 SS7 信令的串流控制傳輸協定(Stream Control Transmission Protocol；SCTP)與 MTP3 使用者腳本階層協定(MTP3-User Adaptation Layer；M3UA)通訊協定。如圖 2-12 所示[11]。

　　要介接(Interworking)傳統的 PSTN 系統與 VoIP 系統，它必須透過 Trunk Gateway 與 PSTN 交換機的 Trunk 介面來建立連接，以傳遞語音資料。系統上透過 SG 與 SS7 網路連接，來傳送控制信令。SG 接收由 SS7 網路傳來的信令(ISUP 或 MTP3)，再經由格式轉換後(ISUP 或 M3UA 或 SCTP)再交由媒體閘道控制器(Media Gateway Controller；MGC)處理，反之亦是如此。MGC 的主要功能包括通話控制(Call Control)、路由(Routing)、信令處理、媒體閘道控制並產生通話紀錄。

　　MGC 可透過 IETF 所制定的會議起始協定(Session Initiation Protocol；SIP)、媒體閘道控制協定(Media Gateway Control Protocol；MGCP)、媒體閘道控制(Media Gateway Control Protocol；Megaco)[14]等諸多通訊協定，跟連接於整合性的通話裝置上如一般電話、軟體電話(Soft phone)、SIP 電話，來進行通話建立(Call Setup)，當通話建立完成後，這些 IP 電話使能利用即時傳輸協定

(Real-Time Transport Protocol；RTP)與 Trunk Gateway 來互傳語音資料，達到與 PSTN 端的話機進行通話的目的。

針對上述我們會在下一章節詳述整個系統運作的討論。

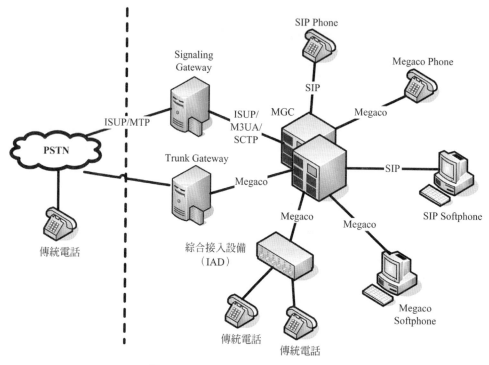

圖 2-12　VoIP 介接 PSTN 架構圖

2-12　資料網路與語音網路的整合

資料網路(Data Network)主要是以 IP 封包技術來傳輸各種型式的數位資料，表 2-4 所示為常見之資料網路的特性比較[12]。

表 2-4　常見資料網路的特性比較

資料網路技術	延遲	可預測性	優先次序架構	效率
X.25	高	差	無	高
SNA	中	好	無	中
訊框中繼器	低	好	無	高
ATM	低	好	一	高
TCP/IP	低	好	是	中~高
Novell/IPX	易變	尚可	無	高
TDM	低	好	是	低

在表 2-2 所列只有訊框中繼器(Frame Relax)、非同步傳輸模式(Asynchronous Transfer Mode；ATM)和 TDM 等技術，因有較低的傳輸延遲時間，故會有較佳的語音傳輸品質。

資料網路原本是為了在網路上傳送資料封包，所以可以容忍較長的延遲時間，甚至允許資料封包的遺失與重新傳輸；相反的，在網路上傳輸語音資料是不允許封包遺失及重新傳送，因此，要如何做到即時的語音通訊，則關係到使用 VoIP 的服務品質(Quality of Service；QoS)。

PSTN 服務只提供類比語音和傳真的連接，目前的電信服務則透過以 DSP 的技術提升，逐漸以語音通訊和資料網路為主，也就是將語音網路與資料網路整合在一起。圖 2-13 所示為兩者整合後的實際情形。

藉由 DSP 功能強且執行效能高的操作，包括將語音、視訊、傳真和其他類比信號，以多種數位格式來處理，將可輕易地發展出語音與資料整合在一起的新型 VoIP 網路，因語音和傳真流量是來自二用戶端的電話系統，並經由 IP Gateway 而被加入到一個資料網路上，如圖 2-6 所示。

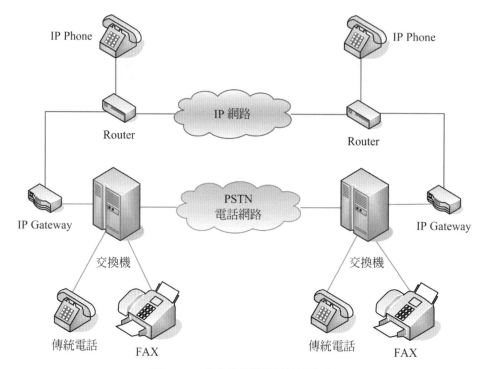

圖 2-13　資料網路與語音的整合

 ## 2-13　VoIP 與 PSTN 的技術差異

　　傳統的 PSTN 其主要架構是使用線路交換(Circuit Switching)的技術，用以傳輸二用戶之間的電話語音。它透過一條專屬的線路在二部傳統電話之間建立語音傳輸。PSTN 的專線雖然有其穩定的語音服務品質，可是一條專線卻同時只能講一通電話，佔用整個線路資源，使用時更須層層的交換與轉換，通話費用較昂貴，難以提供各類加值服務，更無法暢所欲言。

　　而在 VoIP 網路中，是藉由 IP 資料之封包交換於各個網路元件之間，用以完成一通電話建立與終止之整個信令程序。VoIP 主要用以將語音資料化，就像一般資料一樣傳輸於 Internet 上的一種電信應用服務，VoIP 技術容易整合一般的資料、電話郵件、語音、視訊、傳真等服務於單一 IP 網路上，也提供較低廉的通話費用，只要各使用點有能力上 Internet 即可達到此一功能；不過，資料封包在 Internet 上作傳輸過程中如果頻寬不足會產生資料封包的延遲(Delay)、抖動(Jitter)、封包遺失(Packet Loss)、迴音(Echo)，這些因素都會影響 VoIP 的語音 QoS。表 2-5 所示為傳統 PSTN 電話與 VoIP 的比較表。

表 2-5　傳統 PSTN 電話與 VoIP 的比較

特性	傳統 PSTN 電話	網路電話
基本技術	TDM 之線路交換	封包交換
QoS 保證	是	無
網路元件	Class4、Class5 交換系統	閘道器、交換器、路由器
通話程序智能	大部份整合在交換系統內	分散在電話伺服器內
語音頻寬	64 Kbps	8~64 Kbps
信令協定	DTMF、ISDN、SS7	H.323、MGCP、SIP
傳輸方式	TDM	IP
如何達到可靠度	由網路各元件達成	由網路之路由器達成
通話設定時保留網路資料	是	無

2-14　線路與封包交換優缺點

表 2-6 所示，是電話系統使用於傳統 PSTN 線路交換技術與使用於 VoIP 網路的封包交換技術之優缺點比較表，可以很明確的看出其二者間的差異。

表 2-6 PSTN 線路交換與 VoIP 封包交換之優缺點比較

技術	優點	缺點	風險性
線路交換	1.提供改良之傳輸技術。 2.使用多重線路以提供單一點斷線之保護。	1.線路交換架構複雜，所有語音須由總機房處理與交換。 2.需要許多專用裝備。 3.需要不同的線路於語音、管理和報導上。	技術風險性較低。
封包交換	1.使用現有之 IP 技術。 2.可使用許多現有網路設備。 3.提供單一線路多重通話之服務。 4.提供不同系統之間的互通能力與服務(如資料、語音、影像、傳眞、管理)。	1.IP 資料封包傳輸時，容易產生延遲、遺失、失眞，因而造成 VoIP 服務品質下降。 2.終端設備電力供應待改善。	技術風險性較高。

習題

1. 請描述傳統電話網路組成元件及定義？

2. PSTN 的網路架構主要由那三類不同的網路所組成試述之？

3. 就控制方面而論，請描述交換系統主要分爲那二大類？

4. 請說明電話網路類比與數位式信號的差異？

5. 何謂量化？其取樣過程爲何？

6. 請說明 SS7 信令系統中有那三種基本節點？並描述之？

7. 請描述 SS7 信令傳輸有那些信令部門？

8. 請說明 VoIP 系統與 PSTN 系統的不同之處？其技術差異爲何？

9. 請說明傳統 PSTN 電話與 VoIP 的比較？

10. 請比較 PSTN 線路交換與 VoIP 封包交換之優缺點？

第三章　VoIP 的架構與技術

VoIP 發展至今，已不再只是節省長途或國際電話費而已，其最終目的則是結合 Telephone、Computer、Internet、PSTN，而提供語音、影像、多媒體、電子文件及時資訊整合的統合通訊(Unified Communications；UC)服務，應用方面也由企業網路推廣至公眾的網際網路及電信網路。更可和無線行動通訊技術結合，如 3G、WiMAX、WiFi 等，且將會是未來資訊普及時代必備的服務。

我們每一天任何時候，無論是個人交談或公司業務的聯絡，都少不了電話的使用，桌上電話、無線電話、行動電話等，只要是連接於 PSTN 系統上的通話費用常常是一大負擔，甚至是企業內有分公司或者是跨國企業，更要面對大筆的長途及國際電話費帳單而頭痛；如何有效地降低通話費用，是企業主經營上必須有效的掌控。

拜 Internet 的盛行與普及，企業內部網路的架設，使得個人或企業可以用最低的成本與最快的速度取得所需的資訊，更提升了工作效率。透過 VoIP 技術很容易的將語音封包成像資料一樣的傳輸於網路系統上，也就是把電話的交談語音轉成資料一樣以幾乎免費的方式傳輸於網路系統上，如此，將可以大大的節省個人或企業的通話費用。

在這個章節我們將介紹 VoIP 的相關技術與探討 VoIP 的發展、環境需求、基本功能以及組成元件等等。

3-1　VoIP 的基本概念

VoIP 最早開始是企業內部在 Intranet 上進行語音的電話服務，以節省企業內部昂貴的通話費用，電腦間互傳語音，就如同企業內部架設了私用的 PBX，所有集團內的分公司也都用此方式。延伸至個人用戶與家庭，到目前大家所熟悉的 Skype、MSN、Yahoo 等，都是即時通訊並支援聲音及影像通訊的代表。

電腦網路設備彼此間，也可以如同一般話機(PC to IP Phone)通話，反之亦然；或者二台網路話機透過 IP 網路互相對打(IP Phone to IP Phone)。然而，所謂 VoIP 是在 IP 網路上傳送語音封包服務，當然也不侷限於 Internet 上，許多 VoIP 廠商也架設自己的 IP 虛擬私人網路(Virtual Private Network；VPN)以傳送語音封包，再透過語音閘道器與 PSTN 介接，同樣可達到 VoIP 的通話機能。如圖 3-1 所示為企業內部網路與語音電話架構。

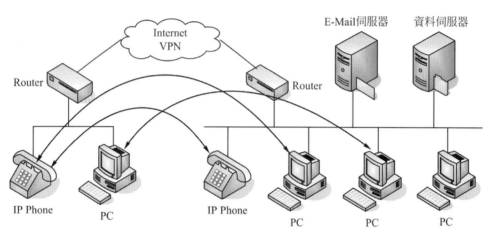

圖 3-1　企業內部網路與語音電話

 ## 3-2　基本原理與架構

VoIP 是基於 IP 通過網路傳輸語音的一種服務，它是通過 Internet 或 Intranet 提供以語音交談為主的應用技術。VoIP 的主要操作方式是發話端將聲音(語音)的類比信號進行壓縮編碼轉換成數位化資料後，然後依照 TCP/IP 等相關協定，進行資料封包(Data Packetize)成 IP 封包的形式，傳輸於 Internet 或 Intranet 上點對點(End-to-End)的即時通訊功能；相反地，接收端所接收到的 IP 封包再把這些語音資料解壓縮與解碼成原數位化資料，再經數位轉換為類比信號的聲音，達到在 IP 網路傳輸語音的目的，從而實現網際網路上的語音通信。如圖 3-2 所示為 VoIP 的基本操作原理圖，經由語音閘道器(Voice Gateway)，連接 Internet 與 PSTN 網路，提供資訊網路與電話網路的連接。

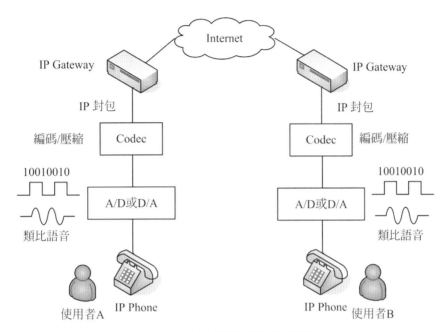

圖 3-2　VoIP 的基本操作原理圖

在 VoIP 的幾種架構下，又可延伸出不同的操作使用模式，我們再細分如下[12]：

1. PSTN 經 IP 至 PSTN

圖 3-3 所示是傳統電話從 PSTN 經 IP 至 PSTN 的模式，系統是建構在主幹線替換的 VoIP 基本架構下，透過公用的 Internet 網路。使用者發話端與接收端皆為使用傳統電話機。

圖 3-3　PSTN 經 IP 至 PSTN 的架構圖

2. PSTN 經 IP 至 IP Phone

　　圖 3-4 所示是一個發話端由傳統 PSTN 上撥打電話，收話端在 IP 網路端用 IP Phone 接聽；此一操作模式也可反之操作由 IP 網路端當發話端，PSTN 端當收話端，皆利用 PSTN 與 IP 之公網傳送。

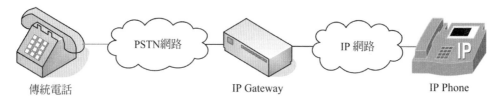

圖 3-4　PSTN 經 IP 至 IP Phone 的架構圖

3. IP Phone 經由 IP 至 IP Phone

　　圖 3-5 所示是發話端與收話端皆使用 IP Phone 操作此一架構模式是建置在點對點 IP 網路，當然這中間語音是經由 Router 來繞徑，傳輸也須建構在專用網路才能使用。

圖 3-5　IP Phone 經 IP 至 IP Phone 的架構圖

4. PC Phone 經 IP 至 PC Phone

　　圖 3-6 所示是發話端與接收端皆使用電腦(具備耳機及麥克風)的操作，此一架構模式是建置在點對點的 IP 網路，語音是經由 Router 來繞徑與傳輸。

圖 3-6　PC Phone 經 IP 至 PC Phone 的架構圖

5. IP Phone 經 IP 至 PC Phone

　　圖 3-7 所示是一個發話端由 IP Phone 打電話至接收端為電腦(假設為 soft phone)，此架構同樣地也可以由 PC 端撥打電話經由 IP 至 IP Phone 端，語音是經由 Router 來繞徑與傳輸。

圖 3-7　IP Phone 經 IP 至 PC Phone 的架構圖

 ## 3-3　VoIP 的發展歷程

　　在早期高電信資費的時代，人們就在尋找各種方式來降低電話資費的方式，當數位資訊專線開始大量使用時，便開始考慮數位資訊專線來傳遞語音，其基本原理是將類比的聲語音訊號轉換成數位資料封包，再將封包以分封交換(Packet Switching)的方式將語音分成多個封包(Packet)並壓縮，然後再加入標題(Header)，寫入 IP 位址，藉由網際網路，將封包傳送出，最後將封包重組成為原來的語音信號，於是語音由電路交換傳輸進步到封包交換傳輸。

　　利用數據剩於頻寬傳送壓縮語音，當時的設備為數據多工器(Multiplexer；MUX)，這算是 VoIP 概念的起源；隨著電腦網際網路的發展，傳輸控制/網路通訊協定(Transmission Control Protocol/Internet Protocol；TCP/IP)的普遍使用，

VoIP 也就孕育而生，各種標準。

以色列 Vocaltec 公司於 1995 年初首先開發出網路電話軟體，並實現了同時將語音通訊與資料傳輸服務於 Internet 上；讓 PC 的兩端使用者利用該 Soft Phone 軟體，即可免費撥打長途電話或國際電話，只是在當時的技術語音品質不佳，但仍引起廣大的網友們相當的興趣。

VoIP 技術因而也帶動電信網路架構的變革，為了使 VoIP 產品設計能夠整合，一些世界標準組織即開始陸續建立相關的 VoIP 技術的相關通訊協定；最早由 Intel 和 PictureTel 提出一種能靈活應用於多媒體電話會議設備的通訊服務，並於 1995 年 5 月提出 H.323 基礎標準； ITU-T 並於 1996 年 11 月通過 H.323 第一版，至 2009 年 12 月正式版本已經發表到第七版，現在仍持續發展演進；原本只是用於區域網路(LAN)上的視訊會議，後來也被應用在 VoIP 網路電話上，成為現今以網際網路協定為基礎(IP-Based)的影音通訊標準，而且使用最為廣泛的規範；隨著版本的推升與演進，通信功能也隨之增加且日趨完備，但是 H.323 系統的複雜程度卻也相對的提昇，對於 VoIP 的應用而言，H.323 的子協定多且複雜性高，在許多技術上的問題受限，不容易針對新的應用作擴展，隨之影響新舊系統的互通性。

由於近年來 H.323 技術已無法符合 VoIP 系統多元性的發展需求，因此，以網際網路工程任務推動小組(Internet Engineering Task Force；IETF)為主，制訂了 SIP、MGCP、MEGACO 等協定。希望能夠將 IP 網路與 PSTN 網路加以更廣泛而有效的整合，藉著制定標準化以及新的技術，改變未來電信業者的發展。也由於更多的網路業者的積極投入產業的開發與技術突破，促使 VoIP 系統有更多的應用與加值服務，雖然目前網路電話仍無法達到傳統電話的水準，但隨著 IP 應用技術的突破與服務增加，有朝一日網路電話取代傳統電話是指日可待的。

1998 年 10 月 IETF 提出多媒體閘道器控制協定(Media Gateway Control Protocol；MGCP)，並於 1999 年 10 月發表 RFC 2705(RFC 為 IETF 的所制訂的文件規格書，經過嚴謹的審核，列入標準規格的文件稱為 Request For

Comment　；RFC)，是屬於主從(Master-Slave)架構之 VoIP 協定；MGCP 主要是由思科和 Telcordia 提議的 VoIP 協議，它定義了呼叫控制單元與電話閘道器之間的通信服務。MGCP 屬於控制協議，允許中心控制台監測 IP 電話及閘道器動作，並通知它們發送內容至指定位址。

1999 年 3 月 1 發表 SIP 的第一代通信協定 RFC2543，正式推動 SIP VoIP，經過三年的推行及檢討，於 2002 年六月發表 SIP V2 RFC 3261，取代原有的 RFC2543；而 SIP 的相關 RFC 仍在繼續發展中，是一種屬於 OSI 中網際網路應用層(Application-Layer)的信號控制協定，用來建立(Create)、更改(Modify)與終止(Terminate)通訊服務的協議；SIP 進行通話服務的過程中，透過代理伺服器(Proxy Server)或轉向伺服器(Redirect Server)找到被叫方，而被叫方也必需事先和其所對應的註冊伺服器(Register Server)進行登錄，會談建立後，即可進行通訊。

在 VoIP 設備商品化方面，1996 年，有網路業者推出了網路電話閘道器(Internet Telephone Gateway；ITG)，用以將網路電話經由 Internet 連接上 PSTN；也就是說，我們只要使用者端需要一具網路專用電話，即可與在 PSTN 端的傳統電話機互相做語音交談，而不必要只在 PC 上才可以講電話。至 1998 年，各網路業者意識到 VoIP 似乎可替代傳統 PSTN 所帶來的商機，廠商也不斷地研發 VoIP 相關技術和競相產出產品，使得 VoIP 的服務似乎已成為電信業者不得不嚴正以對的勁敵。

3-4　VoIP 的基本功能與好處

在 VoIP 的網路架構下所有組成元件必須要能夠執行如同在傳統 PSTN 網路一樣的所有功能，包括連線和斷線、信令協定(Protocol)、編解碼、傳輸技術、資料庫服務等。

1.　連線和斷線

　　　前面第二章我們談到在 PSTN 電話系統中，通話連線與斷線的過程。而在 VoIP 網路中，發話端與受話端的彼此通話連線是由即時傳送的多媒體資料串(也就是語音、視訊)所構成，當系統完成通訊後此一 IP 通話即被釋放出(斷線)，並釋出網路資源。

2.　信令協定

　　　在 VoIP 的網路中，一樣與傳統 PSTN 系統具備有信令功能，用以協調和啓動各種不同的組成元件已完成一個通話控制的程序，但在 VoIP 網路中，卻存在著一些架構上和技術上的差異。VoIP 藉由 IP 封包交換的資料訊息(Datagram Message)於各網路元件中，用以完成一通電話的整體信令程序；所有的訊息格式是依據標準的通訊協定來定義，如 H.323 或是 SIP 等；其目的是爲保證這些語音通話所建立的訊息串，能正常且有效地傳輸於 IP 網路中。

3.　編解碼

　　　語音通話是屬於類比式的通訊，而資料網路則是屬於數位式的通訊，在系統上必須使用編解碼器(Codec)將類比波形轉換成數位訊息來傳輸於 IP 網路上。

　　　而語音壓縮編碼技術是 VoIP 技術的一個重要組成部份。在目前，主要的編碼技術有 ITU-T 定義的 G.729、G.723(G.723.1)、G.711 等。如表 3-1 所示爲各種編碼方式的聲音品質評分(MOS 值)，其中 G.729 可將經過 64 kbps 取樣的語音，以幾乎不失眞的品質壓縮至 8 kbps[6]。

　　　由於在交換網路中，服務品質不能得到很好的保證，所以需要語音的編碼具有一定的靈活性，即編碼速度、編碼寬度的可變化及適應性。G.729 原來是 8 kbps 的語音編碼標準，但現在的工作範圍已擴展至 6.4 kbps-11.8kbps，語音品質也在此範圍內變化，所以適合在 VoIP 的系統中使用。G.723.1 採用 5.3/6.3 kbps 雙速率語音編碼，其語音質好，但是處理時間延遲比較大，它也是目前已被標準化的最低速率的語音編碼演算法。

　　然而，各種不同的語音編碼方式，其結果會得到不同的聲音品質與資料量多寡。壓縮量越大使用越小的頻寬，解碼時就可能無法完全還原，語音品質就一定較差。所以語音品質、環境因素與成本間必須取得平衡。

表 3-1　各種編碼方式的 MOS 值

編碼標準	傳輸速率(kbps)	MOS 值
G.711	64	4.3
G.723	6.3	3.6
G.726	32	4.2
G.729	8	4.0
GSM 06.10	13	3.7
iBLC	13.33/15.2	3.4
註：MOS：觀察者的主觀品質平均值，Mean Opinion Score		

4.　傳輸技術

　　編碼後的語音訊息還要透過 IP 網路來傳送，此時則需要更多的通訊協定一同合作才能達成。一通電話被數位化後的語音資料其傳輸技術主要是採用即時傳輸協定(Real-time Transfer Protocol；RTP)來封裝處理。RTP 是提供端到端的包括音頻在內的即時已編碼的媒體資料，將語音訊息資料所組成的「0」或「1」數據字串，分段的傳送到對方。另外控制部份則由即時傳輸控制協定(Real-time Transfer Control Protocol；RTCP)，用來監控 RTP 運作的情況，RTCP 則提供了時間標籤和控制不同數據流量同步的機制，可以讓接收端重組發送端的數據封包，以及提供接收端到多點發送的服務品質。

5. 資料庫服務

在二個不同網路的服務之間,資料庫服務主要任務是找出受話端的 IP 所在位址並將其位址轉換,有別於傳統 PSTN 是以電話號碼來確認受話端在何處,VoIP 網路中是使用一個 IP 位址(由 DNS 對應取得)以及通訊埠的編號來確認受話端在何處。

VoIP 的好處,至少應具備有如下的各項:

(1) 設備簡單、降低維護成本。

(2) 大量節省通話費用。

(3) 電話語音的傳輸與其他應用有更大的操作彈性。

(4) 要能提供更高品質及話質清晰的增強功能。

(5) 極佳的變換位置能力。

(6) 極佳的整合多媒體協同能力。

(7) 提供更多新的服務與應用。

3-4-1 利用主幹線替換的架構

圖 3-8 所示為一種主幹線替換(Trunk Replacement)的基本架構圖,其中發話端與接收端仍然使用傳統的 PSTN 線路及話機來撥打與接聽電話,並經由公用的 Internet 或 Intranet IP 網路相連接。此種架構因在主幹線做替換及最大好

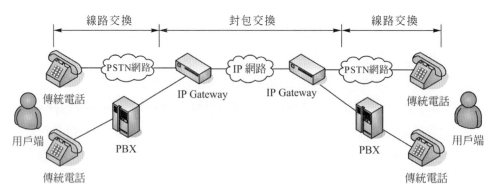

圖 3-8 利用主幹線替換的基本架構圖

處是使用電話與撥號方式都沒有改變，使用者根本感覺不出有何差異；目前已有許多 PBX 代理廠商提供此一 IP 主幹線之介面設備來取代 T1 或 E1 幹線。

3-4-2　利用主幹線與支路替換的架構

　　圖 3-9 所示是一種利用主幹線與支路來替換的架構方式，其中用戶端一邊用傳統電話機來撥打電話，而接聽者則使用 IP Phone 來接聽；反之則撥打與接聽對換。在此架構下，IP Phone 的電話號碼因為對應到 Internet 上的一個 IP 位址，可以不需要指示出其區碼和實際的位置所在。就如 IP Phone 分佈在分公司或住家，並透過企業內之 IP 伺服器連接 Gateway，以方便與 PSTN 上的用戶進行通話。

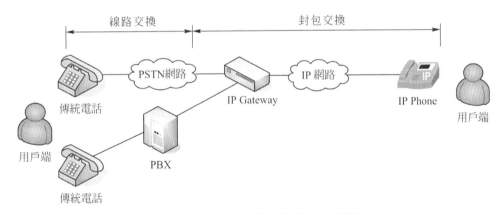

圖 3-9　利用主幹線與支路替換的架構圖

3-4-3　利用點對點 IP 網路替換的架構

　　圖 3-10 所示是一種點對點的 IP 網路來連接二端的 IP Phone 架構，其中二用戶端撥打與接聽電話則完全使用 IP Phone。連接方式經由公用的 Internet 或 Intranet 的 IP 網路來連接。

圖 3-10　利用點對點 IP 網路替換架構

 ## 3-5　VoIP 主要組成元件

　　VoIP 是以 IP 技術為基礎，而一個 VoIP 系統架構則是由許多不同類型的元件所組合而成，其功能特性非常相似線路交換網路(Circuit-Switched Network)，也就是如同 PSTN 網路也有許多元件一樣，所以說 VoIP 網路也必須要能執行像 PSTN 能做的相同工作，並要能操作與管控系統上的 IP 網路、管理伺服器、閘道器、用戶終端機等。本節主要介紹 VoIP 網路系統組成元件與基本功能。

3-5-1　IP 網路

　　VoIP 網路是設計架構於 Internet 或 Intranet 的網路上，以經由網路環境來達到通話的目的，各組成元件之間是靠 IP 來作溝通。IP 的基本構造必須要能確保語音和信令封包能夠順暢的傳輸於 VoIP 所有元件之間；由於性質的差異，在 Internet 上提供語音服務，我們所擔憂的是 Internet 是一個公眾網路，其狀況隨時再改變，要能夠確保可靠性與高品質的語音通訊，及網路頻寬有效的管理，是維護網路電話語音品質的重要議題。

　　IP 網路以不同的方式來處理語音和資料的流量，通常，語音傳輸流量必須要優先於資料傳輸的流量，已能確保語音傳輸時最小的時間延遲。

圖 3-11 所示為一個典型的 VoIP 網路的服務架構圖。目前在 Internet 上 TCP/IP 協定組(TCP/IP Protocol Suite)與 UDP 協定(User Datagram Protocol)是現今網路上使用最頻繁的傳輸協定，而專為語音封裝即時的影音資料傳輸則為 RTP 與 RTCP 協定。

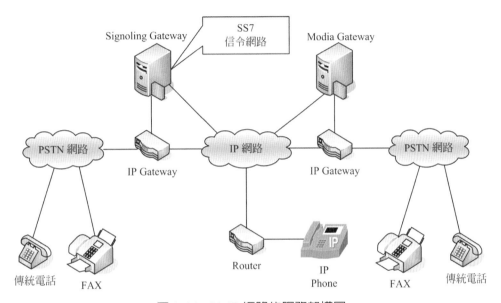

圖 3-11　VoIP 網路的服務架構圖

3-5-2　管理伺服器

　　VoIP 網路中要進行網路通話，最少需要二個網路終端設備和彼此所對應的 IP 位址與通訊埠編號(也就是分機號碼)，但若要各用戶端去記住彼此的 IP 位址似乎不切實際，況且網路上很多使用動態 IP 位址(DHCP 浮動的)更是讓使用者不清楚 IP 位址；因此，系統上需要一個 VoIP 的管理伺服器(Server)來管理這些 IP 位址與實際電話的號碼對應的轉換工作。當終端設備第一次註冊後，伺服器便會紀錄某一台的 IP 位址，當一個使用者撥出一個電話位址時，伺服器會透過其他系統上的對應伺服器系統查詢，再將所撥的電話位址轉換對應至另一個網路的 IP 位址，以傳輸語音資料的 IP 封包，甚至是另一層的話務轉接機制(Call Routing Mechanism；CRM)。伺服器也負責識別認證註冊、授權核准發話方以及執行帳務管理等功能。

3-5-3 閘道器

在 Internet 上語音通話傳輸模式可以有多種方式，如前 3.2 節所介紹 PC to PC；PC to PSTN、PSTN to Internet to PSTN 等；由於 PC 和 PSTN 是不同的傳輸系統(使用不同通訊協定)，因此，這種架構下必須有一個閘道器(Gateway)來執行資料之轉換工作。如圖 3-12 所示為閘道器各介面說明。

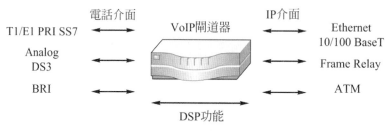

圖 3-12 閘道器的介面

VoIP 閘道器主要是促成兩個不互通之電話網路系統之間的轉換，用以負責轉換一種信令協定(Signaling Protocol)至另一種信令協定。也就是發送端的閘道器把自己已封包的語音資料，透過 IP 模式經由網路轉送至另一個 IP 位址的所在地；相反地，接收端則會把已收到的 IP 封包整理轉換成類比信號的語音，如前圖 3-2 所示。另外我們也可以用圖 3-13 來說明閘道器基本運作分解。

如圖 3-13 所示為閘道器的基本運作：

(1) Gateway A 告訴伺服器，我的 IP 位址是 192.168.0.1，而且可以撥打到區域碼 02 中的 55557777。

(2) Gateway B 問伺服器如何可以傳送一通電話到(02)55557777。

(3) 伺服器回答 B，將您的 VoIP 封包傳送到 192.168.0.1 位址。

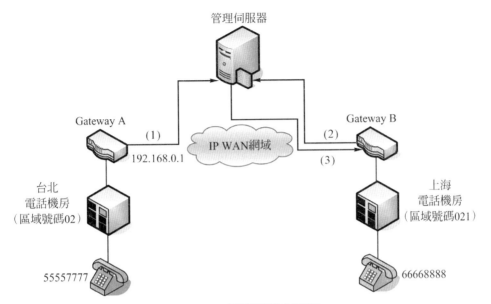

圖 3-13　閘道器基本運作

若依網路系統各別組態與功能細分，VoIP 的閘道器，又可被區分為下列三種類型：

1. 媒體閘道器(Media Gateway；MG)

    媒體閘道器主要扮演角色是將語音訊號做轉換包裝成 IP 封包，以便在 IP 網路和線路交換系統或 PSTN 之間傳輸媒體信號。除了提供 IP 網路和 PSTN 之間的主幹介面功能外，另外可選擇的功能有語音壓縮、靜音抑制、回音消除和資料統計的收集等。

2. 媒體閘道控制器(Media Gateway Controller；MGC)

    媒體閘道控制器是使用一特定型態的通訊協定 MGCP 或 MGACO/H.248，以控制媒體閘道器和信令閘道器之間的通訊以及設定和操作功能。也就是負責管理與傳統 PSTN 網路間，訊號傳輸與轉換工作。

3. 信令閘道器(Signaling Gateway；SG)

　　　　信令閘道器負責在 IP 網路和 PSTN 網路之間傳輸信令功能，提供在 IP 網路端 H.323/SIP 信令操作與 PSTN 端信令系統 7(SS7)之間的相互連絡功能。也就是說當 VoIP 要與 PSTN 相連接時，需要使用一個信令閘道器控制器(Signaling Gateway Controller；SGC)來連接到 SS7 信令網路，並控制 VoIP 通話時的網路功能。

3-5-4　用戶終端機

　　終端機(Terminal)是網路通訊雙方的一個裝置，用來開始通話和結束通話過程中語音資料傳輸的節點，通常有硬體電話(Hard phone)如圖 3-14(a)所示為 VoIP 話機，屬於有線的 LAN IP Phone。如圖 3-14(b)所示為無線電話 WiFi Phone 以及具備 3G 行動電話的 SIP 手機。如圖 3-14(c)所示為提供影像輸出的 VoIP 視訊會議電話設備(Video Phone)等不同類型產品，另外安裝在 PC 電腦上或手提電腦上的軟式電話(soft phone)軟體，如圖 3-14(d)所示，另一種是目前市面

(a) LAN IP Phone　　　　　　(b) WiFi/3G Phone

(c) Video Phone　　　(d) Soft Phone　　　(e) Skype Phone

圖 3-14　各種 VoIP 用戶終端設備

上最熱門的 VoIP 軟體莫過於 Skype™ 軟體，該軟體是採用 P2P 的技術，是透過一種封閉的專屬協定來實現的和上列所介紹的終端設備及各種開放的 VoIP 協定都不能互通，如圖 3-14(e)所示。

習題

1. 請以圖示方式，並描述 VoIP 的基本操作原理與架構？
2. 請描述在 VoIP 的架構下五種不同的操作使用模式？
3. 請描述 VoIP 的基本功能？
4. 請描述 VoIP 的好處，至少應具備那些特徵？
5. VoIP 的主要組成元件有那些？並請描述 IP 網路如何運作？
6. 請描述若依網路系統各別組態與功能細分，VoIP 的閘道器有可區分那三種類型？
7. 請以圖示方式，並描述 VoIP 的閘道器基本運作情形？
8. VoIP 網路的用戶終端設備共有那幾種裝置？

第四章 VoIP 的通訊協定介紹及比較

基本上 VoIP 的通訊必須建置兩種類型的網路通訊協定，才能夠達成點對點的具體通訊功能，有所謂的呼叫控制協定(Signaling Control Protocol；SCP)與媒體傳輸協定(Media Transport Protocol；MTP)。SCP 管呼叫信令的控制，MTP 則管雙方溝通媒體內容的傳遞。另外被設計用在呼叫建立前或中間的支援管理協定(Management Protocol)則用於協調 VoIP 運作過程中，某一些具有支援性質的功能。如動態網路位址協定(Dynamic Host Configuration Protocol；DHCP)，以及 VoIP 元件開機時要先取得網路位址的網域名稱系統(Domain Name System；DNS)，提供呼叫網路時間同步功能的網路時間協定(Network Time Protocol；NTP)等。

現階段在 Internet 相關的許多多媒體協定中，各通訊協定在應用上分配於 IP 網路的堆疊中可依圖 4-1 所示，看出各自所在的位置[13]。

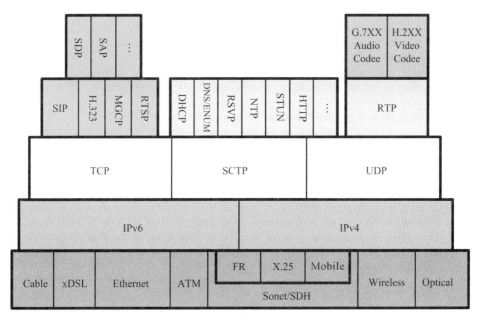

圖 4-1　在 Internet 中多媒體應用的協定堆疊位置

另外在電信網路組織提供次世代網際網路(Next Generation Network；NGN)的建議，下一代的電信服務等級(Carrier Gread)，在 VoIP 通訊協定，按照各協定的功能性與特殊性區分為：

(1) 呼叫控制協定
(2) 媒體控制協定
(3) 傳輸控制協定
(4) 服務應用協定
(5) 管理維護協定

這些所多出來的分屬支援管理協定中，再另外發展出來的協定，我們簡述如下：

(1) 呼叫控制協定：主要包括有無關呼叫控制 BLCC、SIP-T、H.323、ISUP、TUP、Q931，QSIG 等多協定。
(2) 媒體控制協定：主要包括有 MEGACO/H.248、SIP、MGCP 等。
(3) 傳輸控制協定：主要包括有 SIGTRAN、TCAP、SCTP、SCCP、M3UA、IUA、MTP3、TCP、IP、UPP、RTP、RTCP、ATM 等眾多協定。
(4) 服務應用協定：主要包括有 Parlay、JAIN、INP、MAP、RADIUS、LDAP、DNS/ENUM 等。
(5) 維護管理協定：主要包括 CMIP、SNMP、COPS 等。

如圖 4-2 所示，為 VoIP 各通訊協定在 Internet IP 網路上運作的層級架構圖。

在呼叫控制協定，現今 VoIP 大致都多採用 H.323、SIP、MGCP 以及 Megaco/H.248 等四種主流的標準協定為主。現今用戶使用中的產品，以支援 H.323 為大宗，但以現在的網路速度及晶片技術提升許多，主要廠商也已開始更改所生產的設備以 SIP 為主體產品。目前 PSTN 與 IP 網路互連 VoIP 的技術，比較常被提出來討論的大部份為 H.323 和 SIP 兩種。接下來在本章節我們主要探討這兩種 VoIP 協定的架構，包括演進過程、系統架構與組成元件之介紹、應用及運作方式。

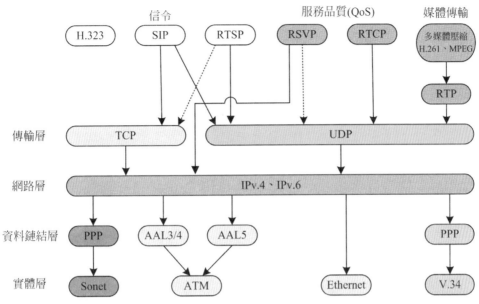

圖 4-2　VoIP 各通訊協定的架構圖

 ## 4-1　H.323 通訊協定

　　H.323 通訊協定[14]，主要是依 ITU-T 第 16 工作組的建議所制定，偏重於傳統 PSTN 呼叫控制功能設計，將傳輸的模式由電路交換改成分封交換的模式，目的是使即時語音於 PSTN 與 IP 網路資料互通無間隙，好讓 PSTN 用戶也能經由 IP 網路也能傳送資料與多媒體的設計，因此它所構建的 IP 電話網，能夠很容易地與傳統 PSTN 電話網相容，從這發展基礎上來看，H.323 是適合構建於 IP 電話的數位電信網路。由圖 4-3 所示為 H.323 通訊協定圖主要四個元件架構。

(1) 終端機：是指能夠與其他網路端點元件做即時通訊的網路實體，也就是使用者端的通訊設備。例如可支援 H.323 的軟硬電話，至少應具備一種語音編解碼的能力。

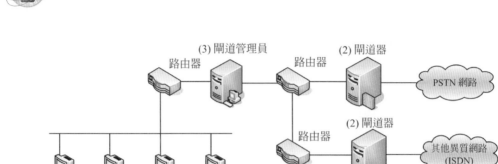

圖 4-3　H.323 協定網路實體主要元件架構

(2) 閘道器：負責與外部網路間的界接，例如 H.323 網路與 PSTN 或 ISDN 網路互通時，用來解讀雙方通訊的信令，以及進行影音媒體封包格式的轉換。

(3) 閘道管理員：主要用來管控其他 H.323 網路實體的運作方式，決定兩端是否可以通話、使用頻寬大小限制以及名稱與網路位址的對應。只負責電話建立等信令控制。

(4) 多點控制單位：主要提供多個使用者在網路上所進行會議視訊的功能，並可建立多方通話。

　　H.323 初期是定義在分封網路上終端機與終端機之間資料壓縮與解壓縮的標準模式，以及定義通話的程序及媒體傳輸等協定，同時採用了 ISDN 的設計概念，運用 Q.931 協定完成呼叫的建立和結束，明顯具有電信網可管理性和集中的特徵。但隨著 VoIP 的通訊的發展，H.323 需要應用在更為複雜的 Internet 上，而原 H.323 第 1 版本只定義 LAN 的環境下，來進行多媒體通訊標準，因而顯露不足，為此，ITU-T 體認到 H.323 並不能只侷限的應用於 LAN 上的協定，配合眾多的業者將之擴大應用在 WAN 以及私用的 VoIP 網路及 Internet 上，於是 1998 年發行第 2 版，同時增加了安全性及服務等功能。也為了能和 PSTN 有無間隙的整合及改善規模與擴充之能力，緊接著於 1999 年發行第 3

版本，增加 WAN 環境之標準，對於 IP 網路之標準化相當重要。隨後於 2000 年發行第 4 版本，讓 H.323 更適合與 PSTN 整合，如可靠性、可擴展性及適當性。另於 2003 年發行第 5 版本，使 H.323 在 VoIP 網路應用上，更有多樣化的服務。目前最新版本為 2006 年 6 月第 6 版本。2009 年 6 月已完成第 7 版草稿，並於 2009 年 12 月通過第七版，其相關子協定內容合計共達 58 種，但仍舊建構在舊有的技術上，H.323 協定版本發展歷程，如表 4-1。

表 4-1　H.323 協定版本發展歷程

版本	日期	網站參考
H.323 Version 1	May 1996	http://www.packetizer.com/ipmc/h323/
H.323 Version 2	January 1998	http://www.packetizer.com/ipmc/h323/whatsnew_v2.html
H.323 Version 3	September 1999	http://www.packetizer.com/ipmc/h323/whatsnew_v3.html
H.323 Version 4	November 2000	http://www.packetizer.com/ipmc/h323/whatsnew_v4.html
H.323 Version 5	July 2003	http://www.packetizer.com/ipmc/h323/whatsnew_v5.html
H.323 Version 6	June 2006	http://www.packetizer.com/ipmc/h323/whatsnew_v6.html

＊取材自 H.323 協定 1 至 6 版本網頁上 html 的參考資料。

由於 H.323 無法與 SS7 直接整合，也無法直接擴充 SS7 必須的功能，使得 H.323 不適合存在於 PSTN 網路主幹傳輸的 IP 轉換。另外，H.323 在超大型擴展性應用中，已被証明確實存在呼叫處理上的問題，當 H.323 使用含有成千上萬個埠的網路閘道時發現，集中狀態管理是瓶頸；加上並複雜性，所以 H.323 漸漸被其他 VoIP 協定所取代。

基本常用 H.323 通訊協定之堆疊架構如圖 4-4 所示。

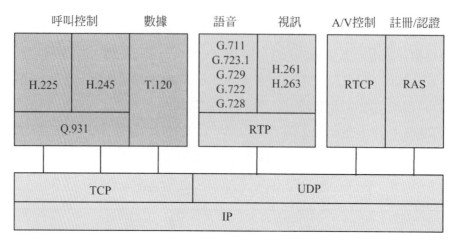

圖 4-4　H.323 通訊協定之堆疊架構圖

在 IP 網路協定上分成 TCP 和 UDP 兩大類協定，TCP 協定是用來提供可靠的數據服務與呼叫控制，UDP 則是具有快速與高效能的特性，但不可靠性高，在提供語音視訊使用時必須另加入 RTP 協定，以達到即時(Real Time)的功能，當然只要有 RTP 則一定會有 RTCP 以作為 RTP 的運作與訊號串流，並報告網路延遲、封包遺失...等狀況。而註冊與認證(RAS)也分屬於 UDP 的另一分支協定，其中 H.225 和 H.245 則是用在 H.323 端點之間交換的信令訊息。此三個信令協定：RAS、H.225、H.245，可用來建立呼叫、維持呼叫和結束呼叫等[15]。

H.323 通訊協定我們由圖 4-4 所示，其實它是一個包含多種的通訊協定所組合而成。下面我們再將各個不同協定加以介紹整理。

4-2　H.323 通訊協定分析

常見 H.323 相關協定標準如下[16]：

1. Q.931：連線與控制協定(Connection Control Protocol)。

2. H.225：呼叫信令協定(Call Signaling Protocol)。

3. H.245：媒體控制協定(Multimedia Control Protocol)。

4. RTP：及時傳送協定(Real Time Protocol)。

5. RTCP：及時傳送控制協定(Real Time Control Protocol)。

6. G.723.1：語音壓縮協定(Audio Codec Protocol)。

7. G.711：語音壓縮協定(Audio Codec Protocol)。

8. G.726：語音壓縮協定(Audio Codec Protocol)。

9. G.729A：語音壓縮協定(Audio Codec Protocol)。

10. T.120：資料傳輸協定(Data Transmission Protocol)。

11. H.261：影像壓縮協定(Video Codec Protocol)。

12. H.263：影像壓縮協定(Video Codec Protocol)。

　　圖 4-5 所示為 H.323 訊號的建立流程圖，接著我們來介紹說明 H.323 其他相關協定的運作方式。

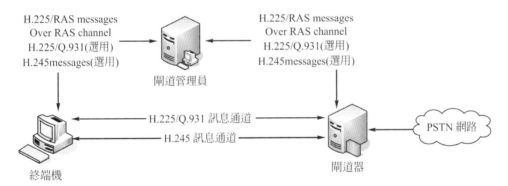

圖 4-5　H.323 訊號的建立流程圖

1. Q.931

　　　　IUT-T 所規定使用在 H.323 架構中，負責網路連線與控制的是 Q.931 通訊協定[17]，所在位置位於 TCP 的上層，H.225 與 H.245 協定的下層，由於 H.323 是屬於連結導向(Connection Oriented)的通訊協定，通常一通電話在建立呼叫前，必需先建立連線，然後才進行協商機制與資料的傳送。主要原來是使用在 ISDN 網路上的呼叫信令協定，在 VoIP 運作過程中只用到其中部分的功能，如呼叫連線(Calling Setup)和釋放呼叫連線(Calling Release)。承載者連線與控制協定為其主要功能 Q.931 協定，也支援一對一的交換連線，所以可直接輸入對方 IP 位址來進行連線呼叫，就像是 PC 或手提電腦用的 Soft Phone 互相呼叫一樣。

2. H.225

　　H.225 通訊協定[4]主要是兩終端設備呼叫建立的信令協定，它是使用 TCP 協定來載送，TCP 為可靠性的連接方式傳送封包，也就經由 Q.931 協定在 TCP 層與應用層之間來作仲介傳遞，為呼叫開始最早被建立的動作連線，也就是呼叫是否成功最關鍵的協定，經由此協定才能打開兩邊終端機訊號的溝通渠道。圖 4-6 所示為 H.225 協定的封包格式。

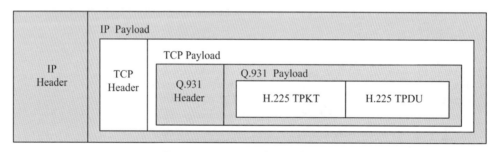

圖 4-6　H.225 協定的封包格式

3. H.245

　　H.245 通訊協定[4]，它的主要功能是負責多媒體控制(影像、聲音和資料)及會議控制的傳送控制。而會議指的是電話與視訊的會議控制，同樣經由 Q.931 協定，在 TCP 屬與應用層之間作傳遞。H.245 具體工作為當兩端要進行通訊時，必須尋求出雙方的共同通訊頻道，以及兩端所要傳遞的媒體規格，相關的頻道類別以及內容形式。H.245 協定主要的目的是兩端能力的交換，雙方主從關係的偵測與能力的確認。圖 4-7 H.245 協定的封包格式。

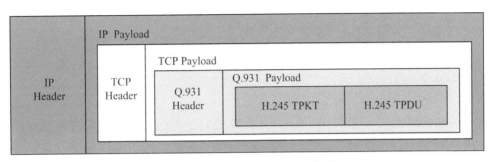

圖 4-7　H.245 協定的封包格式

　　H.245 基本上是針對終端彼此之間，在各種通道間建立的流程控制的機制協定。如圖 4-8 所示為 H.323 Phone 對 Phone 間的通話建立程序 (Call Setup)。

圖 4-8　H.323 終端機通話建立的程序

我們用圖 4-8 來說明 H.323 Phone.A 打電話給 Phone.B 的建立通話程序。在圖中可看到 Phone.A 與 Phone.B 同時連接到一個閘道管理員。然後不管 Phone.A 與 Phone.B 是否同時連接閘道管理員，都不會影響其整個訊息流程。

步驟 1 和 2： 首先 Phone.A 使用 H.225 之 RAS 協定向 GK 要求服務授權。Phone.A 向 GK 送出 ARQ 要求打電話，GK 回送 ACF 確定 Phone.A 有資格使用 H.323 的服務。兩端 Phone 與 GK 間的虛擬通道稱為 RAS 通道。

步驟 3 和 4： Phone.A 與 Phone.B 間使用 Q.931 建立信令通道讓兩端建立用於傳送電話的控制信令。Phone.A 送出 setup 訊息要求建立電話，但 Phone.B 先要問 GK 取得要通話的授權故要回送 Call Proceeding 代表電話處理中。

步驟 5 和 6： Phone.B 向 GK 取得接電話的授權。

步驟 7 和 8： Phone.B 話機開始響鈴，並使用 Q.931 信令通道送出 Altering 訊息給 Phone.A。待 Phone.A 接起電話時送出 Connect 訊息，其中並建立 H.245 的控制通道資訊。

步驟 9 至 11： 在建立 H.245 程序通道上，在兩端相互溝通並決定通話線路上媒體傳輸的特性(Capacity Exchange)，以 H.245 訊息打開建立傳送影音資料的邏輯通道(Logic Channel)。

步驟 12： Phone.A 和 Phone.B 利用步驟 10 和 11 中建立的邏輯通道互送語音串流 RTP 並開始通話。

4. RTP/RTCP

　　RTP 協定[18]，主要目的是承載一個點對點傳輸服務的 Internet 標準，用以在多點的網路服務上支援語音資料流量的即時傳輸功能。RTP 的服務包括原始/目的地的識別，以及達到及時的語音傳輸功能。提供媒體資料序號和時間標記(Time Stamp)讓接收到的媒體資料能依照順序來管理一個緩衝記憶體，可使得網路節點和端點在處理 VoIP 封包時，可減少最小的遲滯(Latency)和封包延遲或遺失。RTP 不需依靠傳輸層和網路層來操作，而由 RTCP 來控管以提供有限制的控制和 Qos 回應，RTP 被視為是一個應用服務，就像 VoIP 可執行 RTP 於 UDP 之上，並藉由 RTP 和 UDP 的傳輸功能，以支援資料流量的即時傳輸功能。圖 4-9 所示為 RTP 協定的架構圖，另外也可詳圖 4-2VoIP 各通訊協定架構圖所示。

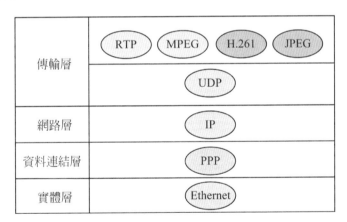

圖 4-9　RTP 協定的架構圖

　　RTCP 主要用以管理 IP 網路上的傳輸頻寬，以控制在網路上得到較好的語音品質，它是 RTP 的伴隨協定，(RTP/RTCP 都位於傳輸層)主要功能是回應 RTP 所完成的資料傳輸品質如何，並即時提供 QoS 和壅塞控制、識別新的會談成員、會談量的預估，以及會談程序的控制。

VoIP 的優點就是當類比語音轉換成數位信號與數位壓縮。基本上利用有
效率的編碼技術來節省許多頻寬。在降低成本與傳輸頻寬、追求語音品質的目
標下許多在 H.323 標準下的多工編碼技術[19]被提出。就網路業者的看法，IP
電話語音具備兩大頻寬優勢；第一業者可使用語音壓縮技術降低通話的數據傳
輸費用。第二透過 IP 網路傳送語音與 PSTN 相較下，效率更高。具體而言，
PSTN 所採用的線路交換方式，是在整個通話期間都會保留專用通道，而在採
封包交換的 Internet 中，僅有在傳送語音封包時才會消耗頻寬，在 ITU-T 所訂
之語音數位化標準，常用語音編碼標準如表 4-2 所示。

表 4-2　ITU-T 常用語音編碼標準

標準	調變演算方式	傳輸速率(kb/s)	框週期(ms)	制定年度
G.711	PCM	64	0.125	1972
G.726、G.727	ADPCM	16，24，32，40	0.125	1988、1990
G.722	Wideband Coder	48，56，64	0.125	1988
G.728	LD-CELP	16	0.625	1992，1994
G.729	CS-ACELP	8	10	1995
G.723.1	MPC-MLQ/ ACELP	5.3，6.4	30	1995
G.729A	CS-ACELP Annex A	8	10	1996

註：脈衝博碼調變(Pulse Code Modulation；PCM)
　　適應性差動脈衝博碼調變(Adaptive Differential PCM；ADPCM)
　　寬頻分碼調變(Wideband Coder)
　　低延遲激動碼線預測(Code-Excited Linear Prediction；CELP)
　　共軛結構代數碼激勵線性預測(Conjugate Structure-Algebraic Code
　　ExcitedLinear Predictive；CS-ACELP)
　　多脈衝線性預測編碼(Multi-Pulse Maximum Likelihood Quantigation；
　　MP-MLQ)

　　接下來我們再介紹目前被業界廣泛採用的 G.723.1、G.711 及 G.729A 語音
編碼標準。

1.　G.723.1

　　G.723.1 協定使用 6.3 kbps(使用 MP-MLQ 技術)或 5.3 kbps(使用 ACELP 技術)來傳送高壓縮與高品質的語音,並可以在一個通話的過程中,轉換使用另一種協定的技術。它的聲音品質評分(MOS)約為 3.8,其缺點是在編碼過程中就已產生 37.5 ms 的延遲(這為單向的)若是於雙向通話,其延遲就變成兩倍;另外再加上 IP 網路上的延遲,實際應用上是相當嚴重的。G.723.1 協定語音的品質尚可接受,大致是可以辨識對方所講的話語,唯背景音和靜音是被忽略處理的,也就是不傳送,假使雙方都沒有講話,聽起來就好像已經斷線了一樣,與 PSTN 電話的品質比較起來的確不太一樣。

2.　G.711

　　G.711 由 ITU-T 最早制定出來,採用 PCM 調變技術,與 PSTN 中 ISDN 應用相同的 64 kbps 數位訊號在網路上傳送,將語音訊號以每秒 8 千次的頻率取樣,每個訊號強度用 8 個位元表示,一共有 256 種變化。G.711 分為 A 率壓縮(A-Law)、μ 率壓縮(μ-Law)兩種,為最早的編碼計算模式,大量使用在傳統數位電話網路中;PCM 編碼演算法,沒有複雜的運算,但在一個 IP 封包中有多個 PCM 語音編碼採樣,佔用頻寬也會相當高,G.711 每一個訊框大小為 20ms 傳送一次,每秒約傳 50 次,所需頻寬約為 85.6 kbps,假使 MOS 分數為 5 最滿意的話,它所得到的分數約為 4.5 以上,基本上在使用是滿意的。所以在實際選擇語音壓縮時,必須要考慮延遲、頻寬、演算法的複雜度等種種因素。因此若要在 IP 網路傳送語音通訊,常使用 G.711 及 G.729 來的搭配組合,依網路使用狀態及品質需求,來做語音傳輸模式的選擇。

3.　G.729

　　G.729 是 ITU-T 於 1996 年制定,使用 CS-ACELP 技術,它的傳輸速率為 8kbps,延遲為 15ms、聲音品質為 MOS 4.0。G.729 所描述的 CS-ACELP 壓縮技術,採用的 CELP 模式,基本就屬於這類編碼器。語音信號的波形編碼最主要,要重建語音波形保持原始語音信號的波形形狀。編碼器通常將語音信號作為一般的波形信號來處理,它具有適應能力強、語音品質好等優點,但所需用的編碼速率高。CS-ACELP 的架構是由 CS-CELP 和 ACELP 的技術整合而來的。

在編碼端,主要進行有:線頻譜對(Line spectral pairs;LSP)參數的量化、語音分析、固定碼簿搜尋和增益量化四個步驟。編碼器首先對輸入信號(8 kHz 採樣 16 bit PCM 信號)進行預先處理,然後對每一聲音碼框的語音信號進行線性預測,得到線性預測編碼(Linear Predictive Coding;LPC)係數,並把 LPC 參數轉換成 LSP 參數,最後對 LSP 參數進行向量量化。在接下來的語音分析中,每一音框先搜尋到最佳語音時延的一個候選時延,然後依據候選時延搜尋每一段的最佳語音時延。最後還要對自適應碼簿增益和固定碼簿增益進行量化。

在解碼端,首先由接收到的位元訊號得到各種參數及標誌進行解碼,得到 10ms 語音框編碼參數。解碼器在每一子音框內,對 LSP 係數進行內插,並把它們變換成 LP 濾波器係數後,依次進行激發生成、語音合成和後處理工作。

G.729A 是 G.729 的簡化版本,G.729A 演算法複雜度與 G.729 相比降低了 50%。語音音質也略為降低,MOS 分數約 3.7,但優點是其佔用寬頻不大,大約每通在 12 Kbps 左右,它是使用代數編碼演算法(Algebraic CELP)。現有 VoIP 用戶端設備已大致都支援 G.729A 的版本。

4-3 MGCP 通訊協定

目前,媒體閘道控制器(Media Gateway Control;MGC)對媒體閘道器(Media Gateway;MG)的控制,是通過媒體閘道控制協定(Media Gateway Control Protocol;MGCP)來完成的,提出這一份協議有兩個標準:一個是 IETE 組織在 1998 年 10 月第一次發表[20],另一個是 Megaco/H.248。

MGCP 是簡單閘道控制協定(Simple Gateway Control Protocol;SGCP)和 IP 設備控制協定(IP Device Control;IPDC)的結合產物。是一個沿用許多軟式交換(Soft Switch)技術的主從架構和以交易為導向的通訊協定,用以使來電者從一個 PSTN 撥打的電話號碼，能夠找出 IP 網路上接聽者電話的位置並且建立與完成整個通話程序。由 MGCP 所組成的 VoIP 網路是由數個 MG 和一個 MGC 所構成，其中 MG 負責將語音封包化與傳送，MGC 負責管控 MG 以進行整個通話程序；由於 MGCP 是屬於一種主-從架構，所以整個 VoIP 網路是由 MGC 來控制其下的 MG 和終端裝置，如圖 4-10 所示 MGCP 的操作架構圖。

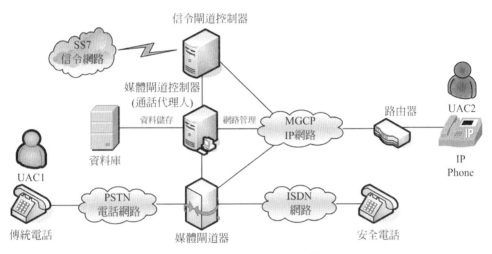

圖 4-10　MGCP 的操作架構圖

以下我們將分別對 MGC、MG 及另一種元件信令閘道器簡述之：

1. MGC

　　MGCP 如前面所述它是一種主從式架構，MG 基本上並不負責處理話務建立流程的控制，而是由一個外部的元件來統籌處理，這個專門負責處理話務建立流程的外部元件稱為 MGC，或稱為通話代理(Call Agent；CA)。

　　CA 具有協調功能的命令，管理所有的 MG 信令處理和呼叫處理的功能，它能控制 MG 中的端點(Endpoint)在 MG 之間建立連接，並會偵測用戶端是否拿起電話(Hong Down)之類的事件，也有產生振鈴等信號的功能，並也規範了端點之間如何來建立連接。因此，MG 的運作須完全依循 CA 所給的命令相對的反應，MG 執行 CA 的要求後則將執行結果及狀態回傳 CA，CA 則依照 MG 的回應訊息，了解 MG 目前的執行狀態程度，CA 可以據 MG 執行狀態的程度，利用命令控制來規範 MG 的下一個動作。

2. MG

在 MGCP 架構中，MG 的主要功能著重負責將電話網路(Circuit Network)中語音的傳輸(Transmission)和封包交換，它可將媒體格式做轉換，以及負責這些資料封包的傳輸。讓電信網路上的影音格式和 IP 網路上的 RTP 格式可相互被轉換，MG 也負責 CA 給予的命令同時也偵測 CA 要求的特定事件。CA 即可知道 MG 執行命令的結果為何及終端設備有何反應，以決定 CA 下一步要求的指令來完成通話建立的流程。如果我們以一通電話的流程來細分，MG 負責的是話務流程建立後以 RTP 協定傳遞語音資料的工作，MG 則負責電話資料處理將語音壓縮成 RTP 封包後，再經由 Internet 傳送到另一個終端設備的 MG。

3. SG

SG 主要負責系統信號方式之操作，此信號閘道器的操作與 MGC 有關。SG 也提供 H.323 與 SS7 ISUP 信號方式操作之介面轉換，例如 SG 可將 H.323 SETUP 訊息轉換成為 SS7 ISUP 的訊息。

而在 MGCP 中也把 MG 大致又分為多種類型[6]：

(1) 幹線閘道(Trunking Gateway；TG)：主要是用來介接傳統電話中的 CO 和 IP 網路間的橋樑，TG 可用以管理大量在網路上的數位電路(Digital Circuits)。

(2) 居家閘道(Residential Gateway；RG)：主要用來介接傳統電話的電話和 IP 網路，它提供了一個介面，可讓傳統電話的類比訊號可直接轉換，並在 Internet 上傳送。目前常見的 RG 有 Cable Modem、ADSL 等設備。

(3) 入口閘道(Access Gateway；AG)：主要是用來介接傳統電信的 Analog Line/Digital PBX 和 IP 網路，AG 它提供了兩個介面，傳統電話的類比訊號介面(RJ11 Interface)和數位 PBX 介面(Digital PBX Interface)，讓傳統電話的語音訊號可在 Internet 上傳送，AG 可用來管理小規模群組的傳統電話。如圖 4-11 所示為 MGCP 的架構圖。

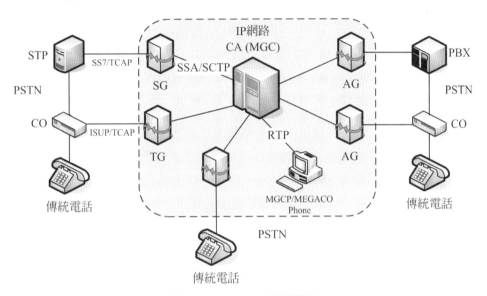

圖 4-11　MGCP 的架構圖

 ## 4-4　SIP 通訊協定

　　會議初始協議(Session Initial Protocol；SIP)[21]是由 1996 年 2 月，哥倫比亞大學的副教授 Henning Schulzrinneu 在 IETF 發佈一個簡單會談邀請協定(Simple Conference Invitation Protocol；SCIP)，開始它是一個提供點對點與多點傳送機制的協定，包含了一些當時所提出的網路聲音以及資料的傳輸協定。到了 1999 年 Henning Schulzrinneu 再提出了第一個 SIP 規範，也就是大家所知的 RFC2543，此時的 SIP 主要的架構以及它的運作方式，也正式的趨於成熟。由於 SIP 的內容簡潔、開發容易以及擴充性高等優勢。IETF 其 SIP 工作小組又繼續針對 SIP 的內容進行再一次的研究及討論修改，於 2001 年提出第 2 版的修正，並在 2002 年通過，成為現行的 RFC3261 版，並將原來的 RFC2543 拆解為 5 份 RFC，並把 RFC 中 SIP 的各項規範定義的更加明確，以下將各規範 RFC3261-RFC3265 整理如下[13]：

1. RFC3261：定義 SIP 的訊息交換基礎以及封包格式。
2. RFC3262：定義對臨時回應的可靠性的規定。
3. RFC3263：定義 SIP 中伺服器的種類以及有關個別伺服器的定位規則。
4. RFC3264：定義 SIP 中交談時的呼叫、應答模型。
5. RFC3265：定義 SIP 中各個事件的通知訊息。

目前市場上各廠商所提供的 SIP 服務，也都遵從 RFC3261 的協定標準，因為 SIP 具有容易開發、內容簡潔以及擴充性高的優點。所以目前許多的軟/硬體大廠、大多在所開發的新一代作業系統或是即時通訊軟體中，都加入 SIP 的功能為基礎。另外，SIP 也被 3GPP 納入在 3G 手機的通訊方式裡面，具備有獨立的 SIP 網路電話功能，如目前最多的有 NOKIA 手機 N82、N85、N95、E61、E65、E66、E71 等商務型手機都具備 SIP 功能，所以目前當我們日常生活中 3G 手機在進行通信時，另一個選擇就是免費的 SIP 網路電話功能。

上列所述也就是 SIP 通訊協定整個發展的緣由。而 SIP 目前已被公認是下一代網路的核心控制協議。

4-4-1 SIP 的基本功能概述

SIP、會議通告協議(Session Announcement Protocol；SAP)、會議描述協議(Session Description Protocol；SDP)是三種與會(Session)有關的既有聯繫又有區別的 RFC 協議。一個完整的 SIP 協議應包括有 SDP 協議，同樣的一個完整的 SAP 協議，也包括 SDP 協議的部份，SDP 協議則主要站在支援 SIP 和 SAP 的附屬角色，可不能單獨存在。所以又將這三個協議統稱為 SIP 的代表。

SIP 會議初始化協議，作為一個應用層的多媒體會談控制協議，可以用來發起一個會談進程、會談中邀請其他參加者加入、修改和終結會談。會談本身可以通過像 SAP、E-mail、Web 通告以及多媒體和即時訊息等新服務結合起來。SIP 支持名字映射、重定向服務、ISDN 和 IN 業務。具體而言，SIP 支持多媒體通信的四種功能如下：

1.　允許進行命名翻譯和用戶定位

　　　　無論被叫方在哪兒都確保呼叫到達被叫方，能夠實現任何描述信息到定位信息的映射。為了不管在哪兒都能定位指定被叫方，SIP 使用一套與 E-mail 地址類似的 URI 命名機制(下一節會有詳細介紹)。以決定要建立會談的終端系統位於何處的 IP 地址，經由被呼叫方參與通信的意願決定是否建立起雙方的會談。

2.　允許進行會談參數協商

　　　　SIP 允許一次呼叫有關的群組(可以是多方呼叫)中所有參與者(Participant)對會談的參數特徵進行協商。藉以了解用戶端的支援能力範圍。譬如，一個視訊電話用戶和一個語音電話用戶進行連線時就不能使用視訊功能，但當有兩台視訊電話要建立時就可以協商開始做視訊功能。

3.　允許進行呼叫參與者管理

　　　　在一次會談過程中，與會者可以邀請其他用戶加入或者轉移、保持或取消連接以及修改會談參數、服務的調度等。

4.　允許進行呼叫特徵改變

　　　　用戶應該能夠改變呼叫過程中的呼叫特徵。例如，一呼叫可以被設置為只進行語音通話，但是在呼叫過程中，用戶可以根據需要，重新開放視訊功能。也就是當有第三方加入會談時，該呼叫可以開啟不同的特徵。

　　　　另 SIP 在建立和終止多媒體通信方面，我們也可以根據用戶及呼叫，將其分為以下幾種特性[22]：

(1)　用戶定位(User Location)：決定哪個終端系統參與通信。

(2) 用戶能力(User Capability)：決定通信所採用的媒體和媒體的參數。

(3) 用戶可用性(User Availability)：決定被叫方是否願意加入通信過程。

(4) 呼叫建立(Session Setup)：振鈴，主叫和被叫雙方之間建立會談參數。

(5) 呼叫處理(Session Management)：包括發送和終止會談，修改會談參數和啓動服務等。

4-4-2 SIP 的主要特徵介紹

　　SIP 是一種類似 HTTP 以本文爲基礎的主從式協定，是一個可以建立並且控制多媒體會談(Multimedia Sessions)或通話的應用層協定，會談包含有多媒體會議、遠距教學(電子白板)、IP 電話、即時訊息等，並可以簡化對 IPSec 等 VPN 型式的連接。SIP 協議信令，是以 TCP/IP 的協定上運作、用於初始、管理和終止網路中的語音和視訊甚至是文字訊息會話，也可解釋是用來產生、修改和終結一個或多個參與者之間的會議。SIP 的建立主要用了兩個概念：網頁瀏覽(HTTP 協定)和電子郵件(SMTP 協定)。SIP 與 HTTP 以及 SMTP 一樣都是使用文字方式來傳輸訊息，也就是說當使用者收到一個 SIP 的封包時，使用者不需經由其他解碼方式，即可從封包知道相關資訊，而不需要像 H.323 必須經過繁雜的解釋動作才能瞭解訊息中所代表的資訊。

　　SIP 在 IP 網上的架構如圖 4-12 所示，SIP 屬於應用層的協議，SIP 底層通話信令可以由使用者資料協定(User Datagram Protocol；UDP)或傳輸控制協定(Transmission Control Protocol；TCP)來傳輸，UDP 有較好的傳輸效能和調整能力，以及可以將整個訊息放置於一個封包裡面。SIP 提供通話設定(Call Setup)、配置(Configuration)、資料傳送和通話結束等基本操作功能。另外，SIP 協定用來進行通話設定和結束部份， SDP 用以進行通話配置，即時傳輸協定(Real-time Transport Control；RTCP)用以監測傳送的 RTP 封包管理。而利用資源保留通訊協定(Resource Reservation Protocol；RSTP)保證傳送的 Qos。以及媒體閘道控制協定(Media Gateway Protocol；MEGACO)用來控制到 PSTN 的閘道。因此，SIP 應該和其他的協議一起工作，才能對用戶提供完整的服務。

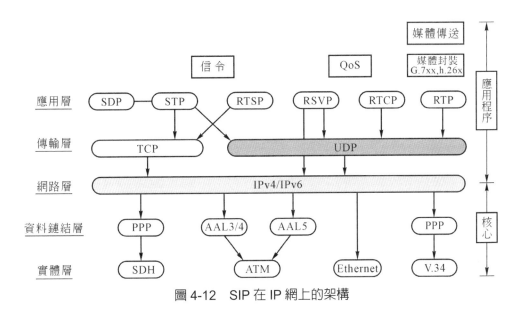

圖 4-12　SIP 在 IP 網上的架構

　　SIP 採用類似電子郵件(Email-Like)形式的地址來標識用戶地址。每一用戶透過一種等級化的統一資源識別標籤(Universal Resource Identifier；URI)來識別，採用電話號碼或主機名稱等元素來架構(例如：SIP)，由於它是 E-mail 位址很相似很容易與用戶的 E-mail 位址建立關聯。SIP URI 以簡化的型式來做設定 sip：jason@ipox.com.tw 或是指定特定的服務 port 號，表示為 sip：jason@ipox.com.tw：5060(SIP 的內定通訊 port 是 5060，也可設定其他值，此一通訊 port 內容將引導 RTP 和 RTCP 的使用)；或是直接以 IP 位址表示為 sip：jason@192.168.0.250 可省略掉 DNS 的查詢步驟和適用於沒有 DNS 的環境。另外由於要用我們習慣的傳統電話撥號方式，實務上也可以使用電信交換碼來代表 2862015850@ipox.com.tw 的型式，以利業者間作跨網交換，另外在進行國際交換時 SIP URI 也允許帶國碼的編碼，為 sip：+88627056365@ipox.com.tw 等多種識別方式。

　　IP 位址欄由於 NAT 的問題，相關 RFC 協定中已經建議儘不要使用 IPv4 位址(SIP 可以基於 IPv4，也可以基 IPv6)，應改以填入網域名稱較方便進行 NAT 穿越。系統上僅會出現為 sip：jason113@ipox.com.tw 的分機號呼叫型式。(可詳第六、七、八章部份)。

4-4-3 SIP 的主要架構與組成元件

　　SIP 系統採用 Internet 中常用的兩類基本網路實體：客戶端和伺服器 (Client/Server；C/S)模型，定義了若干種不同的伺服器和用戶代理，通過與伺服器之間的請求和終止完成呼叫和傳送的控制。SIP 的終端系統稱為用戶代理 (User Agent；UA)。用戶代理是指為了向伺服器發出請求而與伺服器建立連接的應用程序，因為 UA 既要能發出呼叫，也要能接收呼叫，所以一個 UA 包含一個用戶代理客戶端(User Agent Client；UAC)和一個用戶代理伺服器(User Agent Server；UAS)。UAC 負責呼叫的發出，而 UAS 負責呼叫的接收。伺服器是用於向客戶端發出的請求提供服務並回送應答的應用程序。如圖 4-13 所示 SIP 系統中四種不同類型的基本伺服器[23]。

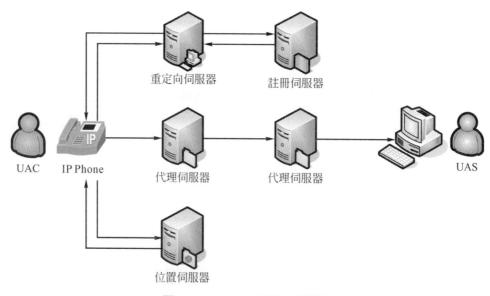

圖 4-13　SIP C/S 基本架構圖

1. 代理伺服器(Proxy Server)

　　SIP 請求可以經由多個代理伺服器，每個伺服器接收請求後將其轉發給下一個伺服器。也可能是最終的用戶代理伺服器。代理伺服器代表其他客戶端發起請求，是既充當伺服器又充當客戶端的媒體程序。在轉發請求之前，它可能改寫原請求消息中的內容。在 SIP 網路中是負責信令傳送的工作，Proxy Server 通常可再分為有狀態式代理伺服器(State Proxy Server)及無狀態式代理伺服器(Stateless Proxy Server)兩種。有狀態的 Proxy 會記錄經其轉發的呼叫狀態資訊，以實現訊息重送或是智慧路由(由轉接、多方會議等)功能。而無狀態式 Proxy Server，是為一旦將訊息轉發後就丟棄其狀態資訊，也就是轉發請求後就忘記所有的信息。如圖 4-14 所示為代理伺服器運作過程。

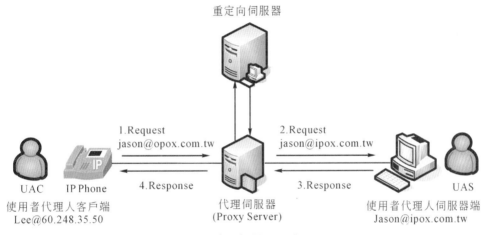

圖 4-14　代理伺服器運作過程

步驟 1：SIP 主叫方 Lee@60.248.35.50 想要打電話給受話方 Jason，
　　　　於是先送出請求信息到伺服器端；其中包括 Lee 的 SIP 位址。

步驟 2：代理伺服器在收到請求訊息後便將訊息傳送至 Jason。

步驟 3：當 Jason 收到通話請求後會回傳回應訊息給代理伺服器。

步驟 4：然後代理伺服器會將訊息幫忙轉送回主叫方的 Lee。

2.　重定向伺服器(Redirect Server)

　　在 SIP 環境中，UAC 用一個位址來標識自己，重定向伺服務器，(或稱重定位伺服器)用來從 UAC 接收請求，並將該請求中的 SIP URI 映射到一或多個不同的地址，然後將這些地址以回應給訊息方式告訴

UAC。UAC 再根據收到的新地址，重新向下一個伺服器發送請求訊息給客戶端，如果沒有可知的地址，伺服器亦有可能回應零個地址。與代理伺服器不同的是，重定向伺服務器，不會轉遞任何請求到其他伺服器；同時也不能接收通話請求。它僅能接收 SIP 請求，並把請求中的原地址映射成零或多個新地址，回應給客戶端。如圖 4-15 所示為重定向伺服器運作過程。

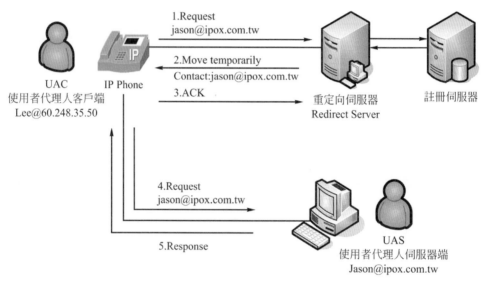

圖 4-15　重定向伺服器運作過程

步驟 1：主叫方 Lee 想要打電話給 jason@ipox.com.tw，送出請求訊息給重定位伺服器。

步驟 2：重定位伺服器查詢資料庫後，得知 Jason 目前所在的 SIP 地址為 jason@ipox.com.tw。於是回應一個 Move Temporarily 的訊息給 Lee，並在回應訊息中放入 Jason 目前的最新地址以通知主叫方 Lee。

步驟 3：當 Lee 在收到重定位伺服務器傳來的訊息後，為了表示正確無誤地收到此訊息。會回傳一個 ACK 訊息來回應。

步驟 4：Jason 在收到要求通話的告知後，便會回傳一個應訊息給 Lee
告知目前是否可以接聽電話。

3. 註冊伺服器(Registrar Server)

又稱登錄伺服器，是接受 Register 請求的伺服器，其目的是根據用
戶請求中的 SIP URI 和 IP 地址等聯繫資訊。它接收客戶端的註冊請求，
完成用戶地址的註冊。這個功能最大的用途就是允許使用者跑來跑去，
可以是動態註冊自己的位置或固定的位置，也就是告知伺服器，自己現
在的位置(Contact)。如圖 4-16 所示為註冊伺服器運作過程。

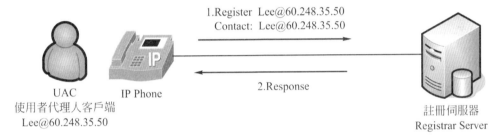

圖 4-16　重定向伺服器運作過程

步驟 1：SIP 使用者 UAC 目前使用的 SIP 位址為 Lee@60.248.35.50
向註冊伺服器傳送註冊的請求，在 Contact 欄位會顯示 Lee
目前最新的位址。(若下一次再移動位置時，仍須再發出註
冊要求)，以告知註冊伺服器。

步驟 2：註冊伺服器在收到 Lee 這個要求訊息後，便會更新 Lee 目前
所在的位置並回傳回應訊息。

在目前市面上多樣化 SIP Server 產品中，大多把上述三種 Server
功能整合在同一種產品中，成為一個加強型的 Proxy Server 而成三機一
體的功能，在 SIP 相關的 RFC 中還有提到的元件尚有媒體閘道器(Media
Gateway)、媒體伺服器(Media Server)、背對背用戶代理(Back-To-Back
User Agent；B2BUA)、媒體中繼伺服器，以及實務上部份元件等，但
非最主要的。

4. 位置伺服器(Location Server)

  主要與各 Proxy server 連繫，記錄及告知 UAC，其所要連絡的 USA 所在之 Proxy Server 的 IP 位置，其功能表現有些類似 DNS，功能主要記錄及提供各 Proxy Server 之位置通訊查詢。

4-4-4 SIP 的語法與訊息格式

  SIP 的訊息內容完全是依照擴散巴科斯形式語法的規則，擴散巴科斯是由巴科斯形式語法(Backus-Naur Form；BNF)演進而來。當初是由約翰-巴科斯(John Warner Backus)他提出 BNF 用來描述電腦語言語法的符號集。現在幾乎每一種新開發的程式語言都採用 BNF 來定義程式語言的語法規則，現今在許多 Internet 規範中被廣泛使用。基本 BNF 的格式內容包括有("word")、(< >)、([])、({})、(|)、(=)、(：：)...等。除了 SIP/SDP、E-mail、還有 Megaco 也是採用 ABNF 語法，整體而言，以 BNF 或 ABNF 存在的價值就是在以給人們方便閱讀的文字描述文件，也可以同時提供電腦處理解析格式訊息[13]。

  SIP 除了定義一些重要的網路實體如伺服器的概念外，還定義了架構、訊息方式的概念。而構成 SIP 最基本的單位是一個 SIP 訊息(Message)，SIP 訊息中有請求(要求)和回應(響應)兩種類型，一般而言，請求訊息通常會帶訊息主體的部份，而回應訊息帶與不帶皆可。

1. 請求(要求)：屬於客戶端與伺服器端雙方希望完成某些動作或要求配合某些工作的要求訊息。

2. 回應(響應)：屬於客戶端與伺服器端雙方回應告訴對方所有請求的處理狀況是否同意或未完成的理由訊息。每一條 SIP 訊息又由以下三個部份所構成，起始行(Start Line)是絕對必要的，訊息表頭(Message Header)也不能省略，訊息主體(Message Body)則是可帶可不帶。

3. 起始行：每一個 SIP 訊息都由起始行開始，包括傳達訊息類型與協議版本。起始行可以是請求或回應訊息，皆須加入資源標識碼(Request-URI)。

4. 訊息表頭：主要用來傳遞訊息屬性和修改訊息狀態，在語法上直接用與 HTTP 表表頭相同。

5. 訊息主體：用於描述被初始的會談能夠顯示在請求與回應中(如在多媒體會談中包括聲音和視訊的編碼類型、取樣率等)。

一、SIP 請求訊息

根據 RFC3261 的定義，SIP 請求訊息的第一行叫做起始行，若帶有訊息又可稱為請求列(Request-Line)，請求訊息要滿足下列格式：

表 4-3　SIP 請求訊息格式

SIP 請求訊息格式	說明
Request=request line	訊息＝起啓行
* [general header | request header | entity header]	訊息表頭
< CRLF >	換行
[message body]	訊息主體
Request-Line = Method <SP> Request-URI <SP> SIP-Version <CR+LF>　請求換列	

如表 4-3 所示為 SIP 請求訊息格式，請求(要求)訊息主要是由起始行開始表示，稱為要求列、包含了請求的方法(Method)、要求資源識別碼及 SIP 的協定版本(Protocol Version)。其中<SP>是指空白字元，CRLF 是換行回到行頭進行下一列最開頭字元。

1. 請求方法：是指這個封包屬於哪一類型的請求封包，SIP 的基本協定中規定了多種方法：INVITE(邀請)、ACK(確認)、CANCEL(取消)、BYE(結束)、REGISTER(註冊)、OPTIONS(功能詢問)。

2. Request-URI(被請求端位址)：這是指被呼叫端的地址；但不一定是最終位址。須包含完整的 URI 碼，例如：sip：jason@192.168.0.2：5060。

3. SIP-Version(SIP 版本編號)：不管是請求或是回應的訊息，都必須包含使用的 SIP 版本，以目前使用的版本 SIP/2.0 表示。有關 SIP 的封包一定要有這個資訊，否則接收端無法辨識，基本上 SIP 必須為大寫字體。

4. INVITE(邀請)：邀請一個使用者加入連線，在傳給受話者的訊息中須包含關於連線的媒體類型，如受話者回應成功則表示可以接受此媒體的類型。

5. ACK：主要用於確認客戶端對 INVITE 的請求最後一個回應，ACK 只和 INVITE 一起使用。

6. CANCEL：用於取消一個尚未完成的要求。例如，當發送一個 INVITE 訊息，但還沒有接收到最後回應時，此時即可使用 CANCEL 終止這個通話。

7. BYE(結束)：客戶端用 BYE 向伺服器發送訊息來結束該通話。

8. REGISTER：用於向註冊伺服器註冊客戶端，並把自己的位置資訊傳給位置伺服器。

9. OPTIONS：用於查詢伺服器的相關功能訊息及通訊能力。

以表 4-4 所示，為 SIP 請求訊息的範例說明。

表 4-4　SIP 請求訊息範例

SIP 請求訊息	內容說明
INVITE sip：lee@60.248.35.50 SIP/2.0	代表請求呼叫、資源識別碼、SIP 版本。
Via：SIP/2.0/UDP station.com	代表前面經過站的位置資訊。
From：jason<sip：jason@ipox.com.tw>	代表主叫方。
To：Lee<lee@60.248.35.50>	代表被叫方。
Call-ID：2862015850@station.com	代表此通話的識別碼，用來識別一個邀請者。
Content-Type：application/sdp	代表訊息內容是由 SDP 來描述。
Cseq：1 INVITE	代表指令的序號及類型。
Content-Length：xxx	代表訊息內容的長度。
	代表 CRLF 空白行區分標頭及訊息內容。
Message body	代表訊息內容。

二、SIP 回應訊息

根據 RF3261 的定義，SIP 回應訊息的第一列叫做況態列(Status-Line)，SIP 協定是由第一行中的內容，來分解 SIP 訊息是屬於請求還是屬於回應，除了這一行的訊息格式略有不同外，其它部份，包括訊息表頭及主體，在格式上幾乎一樣。如下：

表 4-5　SIP 回應訊息格式

SIP 回應訊息格式	說明
Response=status-line	訊息=起始行
*〔general header│response header│entity header〕	*訊息表頭
\<CRLF\>	換行
〔message body〕	訊息主體
status-line=SIP-Version\<SP\>status-code\<SP\>Reason-Phrase\<CR+LF\>	狀態列

如表 4-5 所示 SIP 回應訊息格式，其中 SIP-Version 為 SIP 版本編號，是指送出封包的應用程式所支援的 SIP 版本，SP 指空白字元，Status-code(狀態碼)為回應訊息所包含數位元回應代碼與 Reason-Phrase(原因描述)兩部份，狀態碼是指 RFC 中所定義的狀態編號，原因描述是指 RFC 中定義狀態碼所回應的簡略意義。

另外，在 SIP 回應封包中的狀態碼大致以 100-699 區間的數字來代表目前狀態，基本分為六種主要類型，如表 4-6 所示。

如表 4-7 所示，表中所回應的訊息範例就是針對前面表 4-6 的請求訊息做出的回應。說明 Lee 已收到 Jason 所送的 INVITE 所以回應 200OK 代表狀態成功，其餘以下訊息則保留。

表 4-6　SIP 回應訊息分類

狀態碼	意義	功能說明
1xx (Informational)	回應訊息	請求已經接收，正在處理這個請求。
2xx (Success)	成功處理	請求已經成功接收，並且正在處理，回應 200 OK。
3xx (Redirection)	重新定向	須附加的操作才能完成這個請求，本請求轉發到其他伺服器上處理。
4xx (Client Error)	客戶端錯誤	請求包含錯誤的格式或者不能在這個伺服器上完成。
5xx (Server Error)	伺服器錯誤	伺服器不能正確地處理這個合法的請求。
6xx (Global Error)	整體網路錯誤	任何伺服器都無法處理的錯誤，即請求不能被任何一台伺服器處理。

表 4-7　SIP 回應訊息範例

SIP 回應訊息	內容說明
SIP/2.0 200 OK	代表 SIP 版本、狀態碼及狀態原因說明。
Via：SIP/2.0/UDP station.com	代表前面經過網站的位置資訊。
From：jason<sip：jason@ipox.com.tw>	代表主叫方。
To：Lee<lee@60.248.35.50>	代表被叫方。
Call-ID：2862015850@station.com	代表此通話的識別碼，用來識別一個邀請者。
Content-Type：application/sdp	代表訊息內容是由 SDP 來描述。
Cseq：1 INVITE	代表指令的序號及類型。
Content-Length：xxx	代表訊息內容的長度。
	代表 CRLF 空白行區分標頭及訊息內容。
Message body	代表訊息內容。

另外表 4-8 中所列的為 RFC3261 協定中 SIP 個別回應的狀態碼所對應的
原因描述及內容簡述[21]、[13]：

表 4-8　SIP 回應狀態碼所對應的原因描述及說明

分類	狀態碼 (Status-Code)	原因描述 (Reason-Phrase)	內容說明
1xx Informational (回應訊息)	100	Trying	正在處理中
	180	Ringing	振鈴訊號
	181	Call Is Being Forwarded	正在轉送請求中
	182	Queued	正在等待接聽中
	183	Session Progress	會談請求處理中
2xx Success (成功處理)	200	OK	已成功接受請求
	202	Accepted	已接受 REFER/SUBSCRI BE 的請求
3xx Redirection (重新定向)	300	Multiple Choices	多重目的選擇
	301	Moved Permanently	永遠重新定向
	302	Moved Temporarily	暫時重新定向
	305	Use Proxy	只接受由代理轉送來的 呼叫
	380	Alternative Service	轉向至替代服務
4xx Client-Error (客戶端錯誤)	400	Bad Request	錯誤請求
	401	Unauthorized	未通過認證
	402	Payment Required	付費要求
	403	Forbidden	禁止存取
	404	Not Found	找不到使用者
	405	Method Not Allowed	請求方法不被允許

表 4-8　SIP 回應狀態碼所對應的原因描述及說明(續)

分類	狀態碼 (Status-Code)	原因描述 (Reason-Phrase)	內容說明
	406	Not Acceptable	請求不被接受
	407	Proxy Authentication Required	請求進行加密身份認證
	408	Request Timeout	請求超時
	410	Gone	請求已取消
	413	Request Entity Too Large	請求封包過長
	414	Request-URI Too Large	請求訊息列過長
	415	Unsupported Media Type	請求的媒體類型不支援
	416	Unsupported URI Scheme	URI 格式不支援
	420	Bad Extension	錯誤的擴展訊息
	421	Extension Required	請求擴展訊息
	422	Session Timer Too Small	設定的呼叫建立時間過短
	423	Interval Too Brief	請求過於簡略
	480	Temporarily not available	暫停服務
	481	Call Leg / Transaction Does Not Exist	交易不存在
	482	Loop Detected	偵測到呼叫發生迴路
	483	Too Many Hops	轉送次數過多
	484	Address Incomplete	位址資訊不完整
	485	Ambiguous	不明朗的要求
	486	Busy Here	忙線中
	487	Request Terminated	請求被中止
	488	Not Acceptable Here	請求不被受理

表 4-8　SIP 回應狀態碼所對應的原因描述及說明(續)

分類	狀態碼 (Status-Code)	原因描述 (Reason-Phrase)	內容說明
	491	Request Pending	請求被擱置
	493	Undecipherable	無法辨認的請求
5xx Server-Error (伺服器錯誤)	500	Internal Server Error	伺服器內部錯誤
	501	Not Implemented	不可執行此功能
	502	Bad Gateway	閘道裝置錯誤
	503	Service Unavailable	停止服務
	504	Server Time-out	伺服器逾時
	505	SIP Version not supported	不支援的版本資訊
	513	Message Too Large	訊息過長無法處理
	580	Precondition failed	QoS 設條件無法達成
6xx Global-Failure (整體網路錯誤)	600	Busy Everywhere	全線忙線中
	603	Decline	丟棄
	604	Does not Exist Anywhere	呼叫目標不存在
	606	Not Acceptable	呼叫不被受理

圖 4-17 所示是整合上述各種 SIP 原理功能後，一個比較完整的呼叫連線過程如下：

步驟 1： 主叫方 UA1 向代理伺服器 1，發出 INVITE 請求，伺服器 1，收到 INVITE 請求。

步驟 2： 代理伺服器 1 向重定向伺服器查詢 UA2 用戶地址，以得到重定向伺服器，所記錄 UA2 最新位址，並回覆代理伺服器 1。

步驟 3： 然後代理伺服器 1 向重定向回覆確認，並將 INVITE 轉送到代理伺服器 2。

步驟 4： 被叫的代理伺服器 2 轉發 INVITE 請求到被叫 UA2。

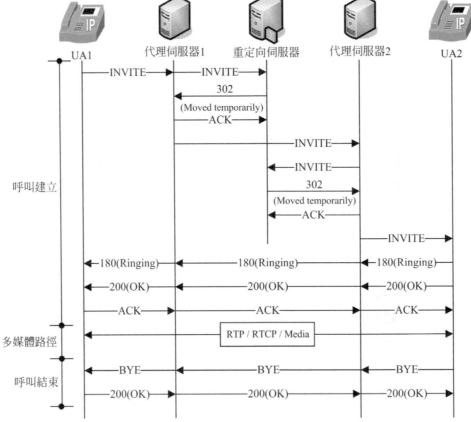

圖 4-17　SIP 完整呼叫連線過程

步驟 5：　被叫開始振鈴，並經由代理伺服器 1、2 轉發 180 Ring 回應到主叫
　　　　　UA1。

步驟 6：　主叫方收到回應，並開始接收到回鈴音。

步驟 7：　被叫方 UA2 拿起話機產生一個 200 OK 回應至主叫方 UA1。

步驟 8：　主叫方 UA1 再向被叫方送一個 ACK 請求表示確認該訊息。(ACK
　　　　　請求可以不經過代理伺服器，可直接發送給被叫方 UA2)。

步驟 9：　至此才建立連線成功，建立起多媒體連線，雙方開始語音通話。

步驟 10：雙方要結束通話時(掛上電話)，送出一個 BYE 的結束信息。

步驟 11：系統送出一個 ACK 認可訊息，結束整個通話程序。

4-4-5　SDP 概述

　　會談描述協議(Session Description Protocol；SDP)[24]，在 RFC2327 協定中被定義，為會談通知、會談初始和其他形式的多媒體會談的一個典型例子。SDP 主要目的是用來讓通話雙方可以藉由 SDP 封包知道建立交談時所需的細部資訊，並據以進行協商。但是 SDP 的封包並不是記載所有傳輸以及交談的相關資訊。

　　在 Internet 上會談實現的主要機制就是通過會談公告(Session Announcement)將會談訊息發送到每一個可能的與會者，當用戶收到此公告，得知會談者所有地址和資訊的 UDP 埠號後，就可以自由的加入此會談，在這個過程中，SDP 就是用於傳送這類會談訊息的協議。

　　SDP 完全是一種會談描述格式，它不屬於傳輸協議，它的描述訊息封包在傳送協議中發送，典型的會談傳送協議包括：SAP、SIP、RTSP、HTTP 和使用 MIME(Multipurpose Inter net Mail Extensions)的 E-mail 等應用層協議中。其中對 SAP 只能包含一個會議描述，其他會談傳輸協議的 SDP 中，則可包含多個會議描述。此外，SDP 訊息還包含與會談整個相關的通用訊息；有會談級描述(Session Level Information)與媒體級描述(Media Description)二個部份。如圖 4-18 所示為 SDP 基本的訊息格式。

1.　SDP 基本訊息格式

　　　如圖 4-18 所示，SDP 基本訊息格式主要包含三級訊息：

(1)　會談級描述包括：

　　① 會談的名稱和目的。

　　② 會談啟動的時間。

　　③ 構成會談的媒體。

　　④ 接收這些媒體所需要的訊息能力，包括地址、通信埠。

　　⑤ 會談所用的頻寬、安全訊息。

(2)　媒體級描述包括：

　　① 媒體類型(Video、Audio、Etc)等。

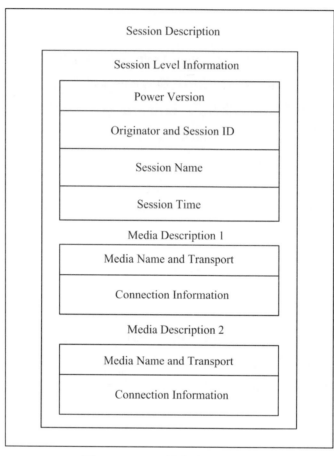

圖 4-18　SDP 基本的訊息格式

  ② 傳輸協議(RTP/UDP/IP、H.320、Etc)等。

  ③ 媒體格式(H.261、Video、MPEG Video、Etc)等。

  ④ 多播或單播地址和通訊埠。

 (3) 會談描述格式：

  ① 開始和結束時間，重複次數。

  ② 對於每個時間段，可以指定重複時間。

2. SDP 會談描述格式

  SDP 會談描述完全以本文格式，除了包括在任何會談中都必須具備的必要欄外，尚包括了選擇性欄位。其 SDP 會談描述欄如表 4-9 所示。

表 4-9　SDP 之訊息欄位順序

會談級(Session Level)	媒體級(Media Level)
(v) 協定版本(protocol version)	(m)媒體名描述與位址(media name and transport address)
(o) 會談來源(owner/creator and session identifier)	(i) 媒體信息(media title)
(s) 會談名稱(session name)	(c) 連結信息(connection information)
(i) 會談信息(session information)	(b) 頻寬信息(bandwidth information)
(u) URI(URI of description)	(k) 加密密鑰(encryption key)
(e) E-mail 位址(E-mail addreess)	(a) 零或多個屬性(zero or more session attribute lines)
(p) 電話號碼(phone number)	
(c) 連結信息(connection information)	
(b) 頻寬信息(bandwidth information)	
(t) 時間描述(time the session is active)	
(r) 重複信息(zero or more repeat times)	
(z) 時區調整(time zone adjustments)	
(k) 加密密鑰(encryption key)	
(a) 零或多個屬性(zero or more sessionattribute lines)	

3.　SIP 中 SDP 的操作

　　基本上 SIP 和 SDP 是會談傳遞媒體訊息的整體組合(當然還有 SAP)，SIP 提供建立一個多媒體會談的訊息機制，而 SDP 則提供了一個多媒體語言來描述這些會談。SIP 中由實體表頭標示的訊息體為 SDP 提供了「專用欄位」以供 SDP 使用，欄位說明如下：

(1)　To：此欄位是用來指出提出呼叫的對象是誰，而此欄位的值要符合 SIP 或 SIP URI 組合。

(2) From：這個欄位用來指出發送呼叫的人，這個欄位是與『To』格式相同。而此欄位允許使用 user 的名稱，至於『tags』則是一個參數，用來輔助欄位內容不足的地方，例如 dialog ID，用以此來建立一組專屬通話識別，詳細說明可參考 RFC3261 19.3。

(3) Call-ID：此 ID 用來是識別是否屬於現在這一個通話群。

(4) CSeq：此欄位用來辨別 SIP 往往訊息的順序。

(5) Max-Forwards：用來限制這個呼叫最遠只能傳送經過多少個站台或伺服器，每經過一個站台或伺服器，參數值就會減一。假如此欄位已經為 0 時，卻還未到達目的地，此時就會回覆一個 483 的訊息給呼叫者。

(6) Via：這個欄位提供資訊用來判斷回應訊息該往哪裡送，當呼叫者建立之初，UAC 必須放入協定名稱及版本，另外此欄位必須要有一個叫『branch』的參數，這個參數用來識別 UAC 與 UAS 所建立的通訊。所以此參數對於每一通呼叫都是唯一的，但在『CANCEL』與『ACK』這兩個地方使用時是例外的。

(7) Contact：此欄位用來指出接下來的隨後的請求訊息會是誰發的。另外，在『REGISTER』使用時，有額外定義了幾個參數。

(8) Supported 與 Require：這兩個欄位是 SIP 的功能延伸，可能在通訊方面有額外的支援或需求，就可以定義在此提供給對方知道。

我們來看以下的範例：
其中：Lee<sip:lee@60.248.35.50>與 JASON<sip:jason@ipox.com.tw>兩個用戶端，整組訊息中為了避免繁瑣，原先應該包括進來的許多 SIP 表頭其實都被省略掉，如"Via:"、"From:"、"To:"、"Call-ID:"...等。當然，條件是雙方都必須支援根據相同編碼方法的語音類型，這樣媒體才能看得懂而進行交換作業(即雙方開始通話)。

```
-----------------------------------------------------------
INVITE sip: jason@ipox.com.tw SIP/2.0
From: Lee<sip:lee@60.248.35.50>; tag=abcd1234
To: JASON<sip:jason@ipox.com.tw>
CSeq: 1 INVITE
Content-Type: application/sdp
Content-Disposition: session
v=0
o=totoro 123456 001 IN IP4 60.248.35.50
s=vacation
c=IN IP4 60.248.35.50
t=0 0
m=audio 9000 RTP/AVP 15
a=rtpmap 2 G726-32/8000
a=rtpmap 4 G723/8000
a=rtpmap 15 G728/8000
-----------------------------------------------------------
```

4-4-6　SAP 概述

　　會議通告協議(Session Announcement Protocol；SAP)或稱會議通知協議，在 RFC2974 中被定義，主要目的是爲了通知一個或多個群播的多媒體會談，並將相關的會談建立訊息發送給所期望的會議參與者,同時還能通知會談參與者該會談的取消或會談的某些通信參數正被修改，SAP 本身並不建立會談，它只能將建立會談所必要的資訊，通知一個群組內的參與者。

　　至於 SAP 如何描述會談內容的相關資訊，它與 SIP 的概念一樣需要藉助 SDP 協定。其最大的用處是透過 IP 群播技術在 Internet 上做語音和視訊的傳輸，並以最低的成本來對所有使用者發送語音和視訊內容。

SAP 的典型操作包括有：會談通告(Session Announcement)、會談刪除(Session Deletion)、會談修改(Session Modification)。

 ## 4-5 VoIP 三大主流協定比較

VoIP 在現有語音交換的技術中以 H.323、MGCP、SIP 為主流的三大標準，前面章節我們將此三大標準做有系統的概述分析，已大致可以看出各個協定的特性與功能。如圖 4-19 所示為三大協定在 VoIP 網路上組態的整合相關位置示意圖。

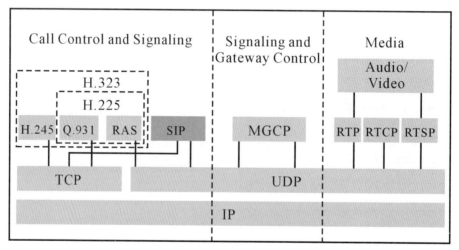

圖 4-19 VoIP 網路 H.323、MGCP/SIP 三大通訊協定組態位置示意圖

就目前市場機制而言，H.323 由於是最早定義多媒體在 IP 網路上傳遞的標準，以及最早應用在 VoIP 標準上，但因它的架構複雜且開發成本高，因而無法滿足大多數電信業者在電信網路上的需求。SIP 的發展由於簡易的特性與功能，以目前在 Internet 的多樣化服務環境裡，是以彌補替代 H.323 系列協定的不足，雖然目前 SIP2.0 標準尚有部份不完備，如在 SS7 的互通性尚未完全解決，但依所有專家認為 SIP 將會是下一代網路核心的控制協議。

表 4-10 所示為根據 H.323、MGCP、SIP 三大協定標準所整理的機能性比較表。

表 4-10　H.323、MGCP 與 SIP 三大通訊協定比較

功能項目	H.323	MGCP	SIP
擬定組織	ITUT-T	IETF	IETF
標準公佈時間	1996 年第一版	1999 年	1999 年
通訊架構	Peer-to-peer	Client-server	Peer-to-peer
設計對象	ISDN 與 ATM	Gateway	Internet
呼叫路由	Gatekeep 提供	Gateway 提供	Location Server 提供
通話流程	較繁複	較簡單	比 H.323 簡單
QoS	無	N/A	有
複雜度	高	N/A	低
擴充性	低	中	高
延伸性	中	低	高
媒體傳輸層	RTP/RTCP	RTP	RTP/RTCP
傳輸協定	TCP/UDP	UDP	TCP/UDP/SCTP
定址方式	主機或電話號碼	電話號碼	URI
訊息編碼	二進位編(binary) 格式	UTF-8 本文 (ASCII)格式	UTF-8 本文 (ASCII)格式
通話信令	Q.931	MGCP	SIP
支援 PSTN	較多	較多	較少(發展中)
支援 Internet	較少	較少	較多
下一代網路價值	低	中	高
目前支援產品	部份已被淘汰	局端產品	絕大部份

4-6 VoIP 的服務品質(QoS)

隨著 IP 技術與 Internet 的迅速發展,使用者對於網路服務品質(Quality of Service;QoS)也更加要求,因此在不浪費過多的網路資源的情況下,提供高品質的服務,是一個極大的挑戰。而與一般網路一樣,良好的 VoIP QoS 是網路電話運作的最基本要求。基本上 VoIP 網路至少能達到與傳統 PSTN 電話網路相同的語音傳輸品質時,一般用戶就能完全採用此低通話費與附加價值高的 VoIP 網路電話。

但是,又為了達到在網路通話的保密性其所增加的各種安全機制,卻會降低 VoIP 在運作的 QoS;會造成 QoS 降低的因素一般來自通話設定時所產生的延遲時間(Delay Time),另外像防火牆(Firewalls)產生加密(Encryption)過程時所造成的遲滯(Latency)和延遲跳動(Jitter)現象。為了提高服務品質,VoIP 系統日後的安全強化應該專注於兩項重點[25],分述如下:

1. VoIP 仍然需要不同系統等級的鞏固安全機制與服務。例如 SIP、RTP 以及各式各樣的構成要件,優先進行這些防護措施,包含傳統及 VoIP 網絡之間的連線處理。保護 VoIP 系統的整合性做法含括鞏固應用系統層和 IP 數據網絡基礎的安全機制,藉以提供更具機動性的解決方案。

2. 管理安全標準及 VoIP 專屬產品,並緊密結合 IP 數據網絡安全標準與產品,藉以形成保護企業資料的整體解決方案。IP 網路則必要對所有連線提供一定水準的保證。

4-6-1 影響服務品質的因素

在 VoIP 網路中,影響語音品質的主要原因基本上為整體網路效能(Network Performance)連線問題,至少在通話連接(Call Connectivity)的建立、網路塞車的時間長短,以及異常終止、錯誤的電話號碼、通話的斷斷續續、撥號延遲等之可靠性(Reliability)與安全性(Security)。如圖 4-20 所示為 VoIP 網路效能與 QoS 間的關係圖,如果是比較差的網路連接效能,會造成網路傳輸延遲與信號失真。

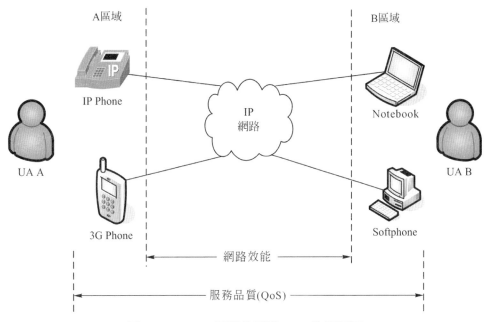

圖 4-20　VoIP 網路效能與 QoS 的關係圖

VoIP 必須要面對的影響 QoS 的因素，則包括有：

1.　傳輸頻寬(Bandwidth)。

2.　傳輸延遲或遲滯(Delay or Latency)。

3.　延遲變動(Jitter)。

4.　封包遺失(Packet Loss)。

5.　雜訊(Noise)。

6.　衰落(Fading)。

7.　回音(Echo)。

8.　串音(Crosstalk)。

9.　語音壓縮(Voice Compression)。

10.　軸行速度(Speed)。

在 VoIP 網路通話的過程中，語音轉換與傳輸都需要時間來完成，這當中會造成種種的轉換時間的延遲，如圖 4-21 所示為 VoIP 網路各元件的操作傳輸延遲的情況與表 4-11 所示為延遲時間的比較表[12]。

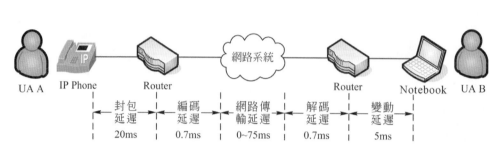

圖 4-21 VoIP 網路各元件的傳輸延遲情況

表 4-11 VoIP 網路各元件運作之延遲時間比較

延遲元件	說明	典型值
封包化延遲	累積足夠的語音取樣值以組成一個完整的語音資料塊時，所需的時間。	20ms
編碼延遲	CPU 用以對語音資料塊進行編碼與壓縮時，所需的時間。	0.7ms
網路傳輸延遲	語音封包傳輸於網路上時，所需的時間，此一延遲時間，所指的是路由器連接到固網的網路傳輸延，而 Internet 上所產生的網路傳輸延遲是無法預估的。	0~75ms
解碼延遲	CPU 用以對語音資料塊進行解壓縮與解碼時，所需的時間。	0.7ms
變動延遲	用以降低網路延遲變動影響時，所需的緩衝時間。	5ms

4-6-2 VoIP 的服務品質改善方法

VoIP 網路有幾種不同的機制可以用來提供 QoS，如下所示[26]：

1. 利用區域網路增加頻寬，線路更換成 Giga Ethernet，Pack Bond 改成光纖主幹。

2. 在傳輸的封包表頭加上優先權，使封包能依據其最優先的方式處理，此機制可讓各封包對 ATM Network 所提供各種不同的 QoS 保證。

3. 即時流量能夠有足夠的頻寬來承載，以確保即時流量不會中斷或延遲。

4. 另外尚有整合式服務(Intserv)、差異性服務(Diffserv)、MPLS 流量工程 (MPLS-TE)等方式。

　　整合式服務方式以資源保留通訊協定(Resource Reservation Protocol；RSVP)，以提供每一通話過程中所需保留頻寬的 QoS。RSVP 是一個信令機制 (Signaling Mechanism)被用來實現整合式服務的架構；即使當使用者在通話期間請求一個特定的 QoS 要求時，RSVP 會保留頻寬給網路使用，維持其一定的傳輸容量。

　　差異性服務方式所提供之 QoS 支援不同的 Intserv，建構來用以提升 QoS 的機制，它是一個架構而非一個方法，差異性服務方式適用用以支援一個語音服務，例如：在網路中加入頻寬管理器。它的 QoS 功能並不是只提供單一用戶單一流量的使用而是多用戶端分配。

　　MPLS-TE 方式則用以擴展 MPLS 的能力，以管理與支援語音服務，提供一個可用的工具給網路管理並合併其服務品質。可被用在網路內部，設定標記交換的路徑，可確保由標記交換路徑載送的流量，可正常無誤的傳輸於網路的進出位置。

習題

1. 在 VoIP 通訊協定中，依照個別協定的功能與特性又可區分為那幾種，並請以圖示描述之？

2. 請描述 H.323 通訊協定主要四個元件架構內容？

3. 請以圖示說明 H.323 通訊協定之堆疊架構圖？

4. 請描述 RTP/RTCP 協定的基本運作模式？

5. 目前被業界廣泛採用的語音編碼標準有那三種，請簡述之？

6. 請以圖示描述 MGCP 的操作架構與運作情形？

7. 具體而言 SIP 支持多媒體通信的四種功能為何，請描述之？

8.　請以圖示描述 SIP 的主要架構與組成元件？

9.　請以圖示繪出 VoIP 網路 H.323、MGCP、SIP 等三大通訊協定的組態位置，並請描述之？

10.　請描述 VoIP 網路有那幾種不同的機制可以提供 QoS？

第五章　VoIP 網路介面的應用分析

在目前的電信環境裡仍以 PSTN 爲主要的網路架構，而 VoIP 的初期目標就是要能與傳統的電信網路能互連，也必須與 PSTN 系統並存，才能爭取到更多的使用者。在第二章我們介紹了 PSTN 網路、大型企業用的 PBX 以及小型企業用的 KTS 系統，並分析了 PSTN 與 SS7 介接技術。本章節我們再來了解 VoIP 與 KTS 的介接技術與及主要架構；並分析了 VoIP 之無線與行動網路整合應用。

 ## 5-1　主要架構分析

KTS，基本上是一種可外接 PSTN 線路與內部電話網路交換的系統，就使用方式而言，KTS 與 PBX 系統略有不同，KTS 它主要可不需要人工或自動總機功能，只需由使用者自行在按鍵上，直接做選擇欲撥打或接聽的外線按鍵。在使用上不像 PBX 那麼多功能性，雖然 KTS 最小規格是支援外線 3-8 門，內線分機 8-30 門，但現今的 KTS 系統，其最大內外線容量已經可以突破 1000 門以上，並且能容納一般傳統電話機和數位電話機，甚至 VoIP 功能未來也會擴充進入 KTS 系統。

KTS 其主要架構的系統控制單元(System Control Units；SCU)和多個模組控制單元(Module Control Units；MCU)來共同處理基本的電話過程[27]。KTS 的功能性這些年來與 PBX 系統已經在許多使用上已能接近，如：代接、跟隨、語音留言、三方會談、自動總機語音、自動分機轉接…等。所以大容量的 KTS 系統的發展絕對有其必要性。如圖 5-1 所示爲一個標準的 PSTN 與 KTS 系統的介接模式架構圖[26]。

傳統的 KTS 皆使用傳統數位電話交換的原理，來實現企業內部電話交換的功能，而 VoIP 則使用了 TCP/IP 協定，利用 IP 封包交換的原理，在 Internet 上實現了相同的語音通話的功能。在 PSTN 的協定中，電話線路是類比線路，用戶設備和電話線路相連則必須經過數據機，由數據機將用戶數位資料轉換成類比，再將類比線路轉輸至 CO，反之則將類比轉成數位並發送給原用戶設備。這裡所指的用戶設備可以是 PC 或路由器等網路設備。

為了要讓 KTS 與 VoIP 互連，除了數據機外尚有支援語音的路由器以及 KTS 總機的類比介面埠以提供給用戶端的界面型態，包括有用戶端單機介面 (Foreign Exchange Station；FXS)內線與局端單機介面(Foreign Exchange Office；FXO)局線(在 5.4 節我們會詳述)。

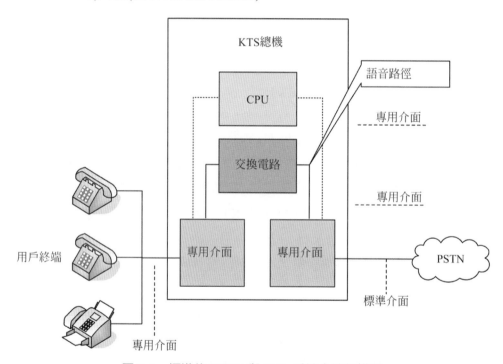

圖 5-1　標準的 PSTN 與 KTS 系統介接架構圖

5-2　xDSL 技術概述

數位用戶迴路(x Digital Subscriber Line；xDSL)[28]，泛指所有的 xDSL 統稱，是以銅電話線為傳輸介質的點對點傳輸技術。DSL 技術在傳統的類比電話線(POTS)的用戶環路上支持對稱和非對稱傳輸模式，解決了經常發生在網路服務供應商和最終用戶間的『最後一哩』的傳輸瓶頸問題。由於電話用戶環路已經被大量鋪設，因此充分利用現有的銅纜資源，通過銅質雙絞線實現高速接入技術，使用數據機連接電腦系統與數位迴路，將高頻寬資訊帶給一般家庭與中小企業用戶的持續性數位迴路。讓運營商所花費成本最小、最現實的寬頻接入網解決方案。

　　DSL 技術目前已經得到大量應用，是非常成熟的接入技術。xDSL 系統主要由局端設備(Digital Subscriber Line Access Multiplexer；DSLAM)和用戶端設備(Customer Premise Equipment；CPE)組成，局端由 DSLAM 接入平台、DSL 局端卡、語音分離器、IPC(資料彙聚設備)等組成。語音分離器將線路上的音頻信號和高頻數位調變信號分離，並將音頻信號送入電話交換機，高頻數位調變信號送入 DSL 接入系統；DSLAM 接入平台可以同時插入不同的 DSL 接入卡和網管卡等；局端卡將線路上的信號調製爲數位信號，並提供資料傳輸介面；IPC 爲 DSL 接入系統提供不同的廣域網介面，如 ATM、VoFR、T1/E1 等，這些設備都設在電話系統的交換機房中。用戶設備由 DSL Modem 和語音分離器組成，DSL Modem 對用戶的資料包進行調變和解調變，並提供資料傳輸介面。

　　DSL 技術是利用在電話系統中沒有被利用的高頻信號傳輸資料。DSL 利用了更加先進的調變技術，目前被廣泛採用的 ADSL 調變技術有三種：

1.　QAM(Quadrature Amplitude Modulation)。
2.　CAP(Carrierless Amplitude Phase)。
3.　DMM(Discrete Multitone Modulation)。

　　目前 xDSL 分爲：非對稱數位用戶迴路 (Asymmetric DSL；ADSL)、對稱式數位用戶迴路 (Symmetric DSL；SDSL)、高速數位用戶迴路(High Data Rate DSL；HDSL)、超高速數位用戶迴路 (Very High Data Rate DSL；VDSL)、語音搭載數位用戶迴路(Voice over DSL； VoDSL)及數位用戶迴路 (Digital Subscriber Line；DSL)等，此外還有使用較少的 IDSL、RADSL、MSDSL、Single-Line DSL 等等。如表 5-1 所示爲各類型 xDSL 規格表。

表 5-1　各類型 xDSL 規格表

名　稱	線對數	傳輸速率 Mb/s	型式
DSL	One	160kb/s	Duplex
HDSL	Two Three	1.544 Mb/s 2.048 Mb/s	Duplex Duplex
SDSL	One One	1.544 Mb/s 2.048 Mb/s	Duplex Duplex
ADSL	One	1.5 to 12Mb/s 16 to 640 kb/s	Downstream Upstream
RADSL	One	Adaptive to ADSL rates	Upstream and ownstream
VDSL	One	13 to 52 Mb/s 1.5 to 6Mb/s	Downstream Upstream
(A)DSL Lite (or UADSL)	One	1.5 Mb/s 512 kb/s	Downstream Upstream

資料來源：IEEE Communication Magazine，January 1999。

5-2-1　ADSL 介紹

　　ADSL 為非對稱數位用戶線路，乃利用調變技術，藉由普通電話用的雙絞銅線傳輸，將現有的電話線上加裝 ADSL 數據機，利用 ADSL 寬頻技術，用戶可以在使用電話時，同時以高於 512 kbps 以上的速率上網或進行資料的傳輸。

　　ADSL 也可以用來提供在家上班者存取公司內部企業網路的服務，或是提供新式互動式多媒體之應用，用戶上網時並不佔用傳統電話的頻帶，亦即是上網與打電話可同時進行，不會互相干擾，且用戶上網時也不必像傳統數據機或單向 Cable Modem 另需支付電話費用。ADSL 的 Key Point 在於其上行與下行的頻寬是不對，下傳速率提升至 1.5Mbps ～ 12Mbps，上傳速率則提升 64kbps ～3Mbps，由於上、下傳速率不等因而稱為非對稱。

ADSL 為網路提供速率從 1 M 的上行流量和 8M 的下行流量, 同時在同一根線上可以提供語音電話服務。其主要特性：

1. 利用一對雙絞線傳輸。

2. 上行速率從最高可達 1 M，下行高達 8 M。

3. 支援同時傳輸資料和語音。

4. RADSL--Rate Adaptive DSL(速率自適應 DSL)，這種技術允許服務提供者調整 xDSL 連接的帶寬以適應實際需要並且解決線長和品質問題。

5. 利用一對雙絞線傳輸。

6. 支援同步和非同步傳輸方式。

7. 速率自適應，下行速率從 640 kbps 到 12 Mbps、上行速率從 128 kbps 到 1 Mbps。

8. 支援同時傳輸資料和語音。

　　應用 ADSL 的技術，不需要再增加現有基礎架構設備，只要用戶端加裝 ADSL 數據機，就可以在使用電話時，同時上網或進行資料的傳輸。從網路提供者到用戶家中(謂之下行)的頻寬是比較高的，這樣的設計一方面是配合現有電話網路頻譜的相容性，另一方面也符合了一般使用網際網路的使用習慣與特性，也就是說使用者接收的資料量遠比其送出的資料量來得多。

　　使用 ADSL 傳輸的優點包括了現行電話服務仍可繼續使用、提高電話銅質頻寬的使用頻率、現有用戶迴路之再利用、減輕電話線路的負擔等等。

5-2-2　xDSL 技術的應用範圍

1. 對稱 DSL 技術：對稱 DSL 技術主要用於替代傳統的 T1/E1 接入技術。與傳統的 T1/E1 接入相比，DSL 技術具有對線路品質要求低、安裝調試簡單等特點。廣泛地應用於通信、校園網互連等領域，通過複用技術，可以同時傳送多路語音、視頻和資料。

2. 非對稱 DSL 技術：非對稱 DSL 技術非常適用於對雙向帶寬要求不一樣的應用，如 Web 流覽、多媒體點播、資訊發佈等，因此適用於 Internet 接入、VOD 系統。

5-3 NAT 的技術概述

由於 Internet 的發展迅速,第四代 IP(IP Version4;IPv4)運用了 32 位元的長度,來定址全球的所有網路裝置,當時並未考慮到 Internet 的發展如此快速,IPv4 定址已經面臨不足以分配的困境,因此市場上才開始引入網路位置轉譯(Network Address Transfer;NAT)技術為基礎的各類 IP 分享裝置,以合法的 IP 位址共同使用,有效延長 IPv4 的使用期限。

NAT 的技術主要將網路劃分為廣域網路(WAN,俗稱公網)和區域網路(LAN,俗稱私網)兩個部份。在私網的內部將不再使用公網的 IP 位址,而改為使用私網 IP 位址。來定址企業內部的所有設備位置,此位置可以是電腦、印表機、路由器、交換器、閘道器、VoIP 主機或其他網路裝置,此裝置能夠被直接參考當作 Internet 上的來源或目的地。

私網 IP 位址的概念,其實只是在企業 LAN 的內部規劃屬於自己的 IP 位址空間,其功能是將 WAN 可見的 IP 位置與 LAN 所用的位址相映射,因而每一受保護的私網可用於特定的範圍 IP 位址,而這些位址是不用於公網的。其目的為避免企業 LAN 和 WAN 的 IP 位址有任何重覆,造成定址上的錯亂,由於企業間 LAN 是彼此獨立,而且無須向 IP 管理組織申請手續,所以並不會互相衝突。

私網 IP 位址使用上,是具有一些限制的[13],如下:

1. 在 LAN IP 位址的路由資訊不得對 WAN 傳播。

2. 使用 LAN IP 位址的來源封包,經過 NAT 後,以 Internet 來傳送,但其語音的建立方向只能由 LAN 往 WAN 的方向,意指只能由內部來主動存取外部的網路,反過來則有限制的。

3. 使用 LAN IP 位址作為來源或目的的封包,不能直接透過 Internet 來傳送。

4. LAN IP 位址的 DNS 參考記錄,只能限制於 LAN 使用。

在運作上,從 WAN 來的含 WAN 位址訊息的封包先到 NAT,NAT 則使用預設好的規則(包含來源位址、來源埠號、目的地址、目的埠號、協定)來修改數據封包，然後再轉發給 LAN 接收點用戶。而對於要傳出 LAN 的數據封包，也需要經過這樣的轉換處理。而使用 NAT 服務主要目的有如下：

1.　節省 IP 位址資源。

2.　作為一個安全設備，隱藏私網內部 IP 位址，保護內網的網路主機不受外界攻擊。

3.　NAT 價格便宜，易於管理，無需用戶安裝特殊軟體。

4.　NAT 的應用範圍除了可以實現及可做為單一功能的 IP 分享器(IP Sharer)之外，也可以整合內部附加功能使用。

同時，為了網路免受攻擊，NAT 也間接提供一個附加的安全層給內網。所有阻止網路被攻擊的安全機制，必須內建在 NAT 內，與防火牆相似的是 NAT 所提供的安全機制，避免直接將 PC 連接到 Internet 上來的安全。防火牆會過濾掉所有不請自來的數據封包，唯有一例外，是 Web 伺服器供遠端訪問功能，所以，NAT 在防火牆允許目的地的位址是 Web 伺服器的 IP 位址，一般埠號為 80 的尾碼。

整體 NAT 在 Internet 與 LAN 的連接及防火牆配置架構，如圖 5-2 所示。

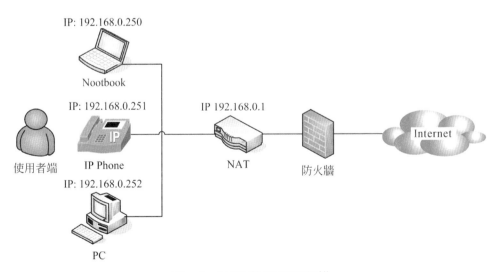

圖 5-2　NAT 與 IP 配置架構

5-4　VoIP 的類比介面

在一個以 LAN 為主的 VoIP 網路上所使用的語音是探封包的形式，而傳播到 KTS 或 PBX 的語音可能是類比的聲波或是數訊號。它都需要一個轉換器 (Translator)，在與 PSTN 之間來回轉變。這個轉換器的工作必須由一個能支援語音的路由器來執行。而當路由器執行這種功能時，也就是前面章節我們所介紹的閘道器。

一個閘道器通常至少一個介面連接至 LAN 端或 WAN 端，也至少一個介面要連接至 KTS 設備，這些介面基本上不是類比的就是數位的，如下：

類比介面：

1. 用戶端單機介面(Foreign Exchange Station；FXS)(又稱內線或外部交換站)

2. 局端單機介面(Foreign Exchange Office；FXO)(又稱局線或外部交換局)

3. E&M 引導信令(Ear and Mouth Lead Signaling)

數位介面：

1. T1(美規之主幹線，可傳輸 24 個具有 64kbps PCM 編碼之通道)。

2. E1(歐規之主幹線，可傳輸 32 個具有 64kbps PCM 編碼之通道)。

3. 基本速率介面(Basic Rate Interface；BRI)/主要速率介面(Primary Rate Interface；PRI)也就是使用整合服務數位網路(Integrate Services Digital Network；ISDN)技術。

KTS 總機由於大多採用的是類比介面，如圖 5-3 所示為一個 VoIP 閘道器與 KTS 總機類比介面的連接架構圖。

1. FXS 介面

FXS 提供電話工作電壓發振鈴信號，用以連接類比式電話機，也就是經由電話線來接至傳真機或話機的一個連接介面，它能夠將主叫端電信機房所發出的信號，傳輸到話機或傳真機上，以進行語音之雙向通話。

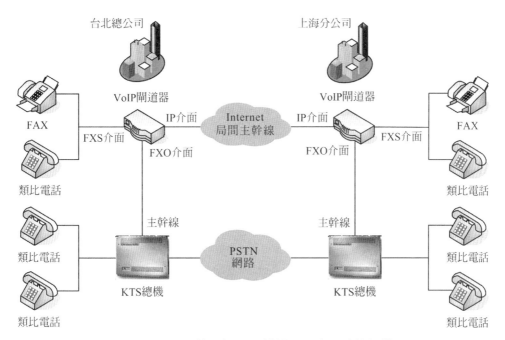

圖 5-3　VoIP 閘道器與 KTS 總機類比介面連接架構圖

2. FXO 介面

　　FXO 提供相同於傳統電話介面端口，用以連接 PSTN 或 KTS 總機分機，可以將用戶端所發出的信號傳輸到電信機房，其作用就像是一個電話機功能。

3. 引導信令

　　VoIP 閘道器上用以連擊主幹線或主幹線以將二處 KTS 總機連接起來的信令協定，以便傳輸二個總機之間的信號，以進行語音之雙向傳輸，可使用之信令協定，依使用的設備及方式而有所不同。

如圖 5-4 所示為 VoIP 中小企業整體網路的應用範圍參考圖。

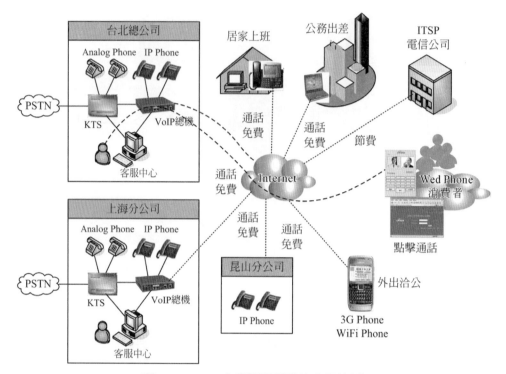

圖 5-4 VoIP 企業整體網路的應用範例

 ## 5-5 VoIP 與無線網路的語音服務技術介紹

　　1999 年，在 IEEE 提出 802.11 無線區域網路(Wireless Local Area Network；WLAN 標準，又名 WiFi)[29]。WLAN 的願景是要讓 NB、行動手機、PDA 等行動裝置，以無線的方式登入網路(LAN 或 WAN)的一個無線平台，而不需要用有線的方式，因此，WLAN 的架設是一個低成本、低複雜度容易整合的傳輸網路。

　　依 WLAN 標準我們把它區分為四種不同方式，分述如下：

1. 固定式(Fixed)：用戶在建立連線後一直到中斷，在所使用位置(半徑≧10-30 公尺)是固定。

2. 半移動式(Nomadic)：指用戶在建立連線期間應該是固定的，如移動了位置，將會重新建立一個新的資料服務。

3. 可攜式(Portable)：在特定網路所涵蓋的範圍內，正常使用。但當用戶的設備移動到不同的網路基地台服務時，系統會再重新選擇最佳的基地台來建立連線。

4. 移動式(Mobility)：當用戶設備在網路涵蓋的範圍內以較高速度移動時，仍能夠接取網路的資料服務。拜 WLAN 所具備的無線行動能力，能使用戶在家、戶外或辦公室、公共場所等，甚至在高速鐵路上皆可以連接上 Internet 存取所需的資訊與各項的應用服務；也隨著無線上網的基礎建置大量完成，市場上行動裝置設備也多項產品可支援 WLAN 能力。

這些產品主要分為：

1. 無線網路卡：安裝在手提電腦(Net book；NB)上的無線網路卡，利用其無線收發模組連上 WLAN。(目前市場上此產品已漸少，因大部分新的 NB 已都內建 WLAN 上網功能了)。

2. WLAN 存取點(Access Point；AP)基地台：用以進行某一區域或公共場所內所裝置的無線存取點設備，使所有裝置可連上網路。並且負責上傳的要求與下行的封包傳送。

另外有一種藍芽(Bluetooth)也被稱為是一個 WLAN 協定，802.11 是 IEEE 所規範包含的一此常見標準有 802.11a、802.11b(WiFi)和 802.11g、802.11n 等。當然不同的技術規範，決定了其最大最佳的傳輸速率，如表 5-2 所示為三種 802.11 傳輸速率的比較表[6]。

表 5-2　三種 802.11 傳輸速率比較表

WLAN	802.11a	802.11b	802.11g
最大傳輸寬	54Mbps	11Mbps	54Mbps
平均傳輸寬	27Mbps	4-5Mbps	20-25Mbps
採用實體層技術	DSSS/CCK	OFDM	OFDM
使用無線電頻帶	2.4GHz	5GHz	2.4GHz

除了 WLAN 系統外，近幾年逐漸普及的第三代行動電話合作伙伴計劃 (Third-Generation Partnership Project；3GPP)也已提出在第三代電信通訊系統中整合 IP 無線技術的概念，來支援如 VoIP 等類型之 IP 服務。但以目前市場上，有提供以 SIP 為內建的應用程式的 3G 手機，主要有 NOKIA 品牌(目前商務用機種，約 10 多種型號有此功能)及其他少數智慧型行動電話有設置 VoIP 的規格。事實上，VoIP 尚未廣泛應用於行動電話系統中；所以，如何有效的推廣 VoIP 建置於行動電話系統已成為重要的課題。

接著我們再介紹 VoIP 如何應用於不同的無線通訊系統中包括：WiFi、3G 行動電話，以及兩者的比較。

5-5-1 VoIP for WLAN(WiFi)

WiFi 的行動性搭載 VoIP 使用，的確可建構成一個區域的行動電話網路，尤其是如果在自己企業集團內部，若利用現有的 VoIP Gateway，再配合具有 WiFi 功能、內建的 H.323 或 SIP 應用程式的行動網路電話功能，無異就是一個企業內的自主的行動電話網路。WiFi 也可以是利用一般的 NB，或是個人助理 PDA，以現在的市場上具有較佳的功能性與便利性應是以 PDA 兼手機功能最佳。(唯目前市場上大部份的 PDA 設備並無具有以 SIP 為基礎機種。而僅以使用 MSN、SKYPE、QQ 為大宗)。

如圖 5-5 所示為 VoIP 與架構圖，當使用者 A 使用 PDA(或 3G 手機)一進入企業的 WiFi 所涵蓋範圍，其 PDA(或 3G 手機)的 WiFi 機制會自動(也可手動)向企業內 VoIP 主機登錄認證原預設的 IP 位置，成功後成一支電話分機。此時，他可以使用 PDA(或 3G 手機)撥打內、外線電話給使用者 B，基本上只要是在 WiFi 無線信號所涵蓋的範圍內，皆可 VoIP 的網路電話功能，也可以同時上網、存取下載上傳資料，所以，WLAN 與 VoIP 整合是可以帶給企業更大的便利性。

WiFi 已經成為辦公室、家庭和公共場所中的「最後一呎」寬頻連線的實際標準。在過去幾年來，全世界一開始由城鎮和地方社區在戶外佈建了 WiFi

系統接著再到整個市中心。而都會區 WiFi 的佈建大都在路燈或樓頂上，並以高功率發射，WiFi 系統的 AP 基本上提供覆蓋範圍僅能在大約 100 公尺內，所以都會區的 WiFi AP 必須很密集的佈建。

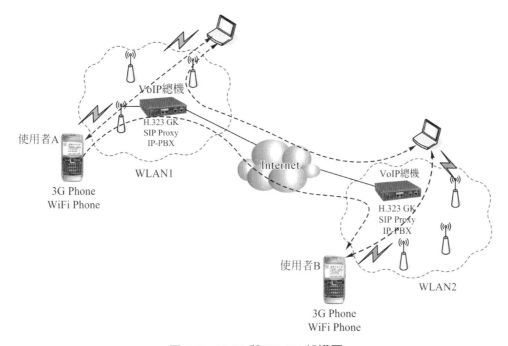

圖 5-5　VoIP 與 WLAN 架構圖

　　WiFi 系統最大的好處就是將 Internet 延伸到每個角落，讓每一個人可以隨意的連網使用，WiFi 的優點不勝枚舉。一般標準 VoIP 封包傳遞需要的頻寬低於 10kb/s，在 802.11b WLAN 11Mb/s 的頻寬環境，至少可以支援超過 500 個 VoIP 會談使用。在 WLAN 下同時使用 TCP，在使用 VoIP 一半容量下，IP 的延遲及封包遺失，仍舊可以獲得改善解決，語音和數據整合運用是 VoIP 運用於傳統電話的優點，雖然 VoIP 與 TCP 同時執行在 WLAN 下會有相互干擾現象，只要在無線基地台存取端，改變存取控制協定(Medium Access Control；MAC)就可以解決這個問題，而且不需要改變無線用戶設備端的 MAC 協定。這也是 WiFi 近幾年來市場行動設備紛紛成為必要的功能原因，不論是便利性、實用性等，都有相當程度的優勢。

5-5-2 VoWLAN 系統概述

VoWLAN 是指 VoIP 結合 WLAN 實現可移動的 IP 電話技術,它充分發揮了二者所具備的優點,在 WLAN 訊號所涵蓋的範圍內,都可以使用該技術來完成數據、語音等各項工作。與傳統行動電話網相比較,VoIP 可節省話費優勢非常明顯。如圖 5-6 所示為 VoWLAN 的網路架構圖。

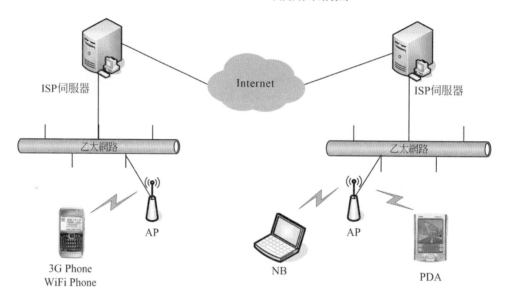

圖 5-6 VoWLAN 網路結構圖

ISP 建立 VoIP 伺服器,提供 Internet 到 PSTN 的語音數據轉接,為所有註冊的客戶端之間提供 Peer To Peer 的橋接作用。網路伺服器可以利用網頁的形式以方便配置,其設計的功能包括:設置 User Name 和 Password 控制、登錄用戶權限、進行用戶分組、限制登錄範圍、顯示用戶的聯網狀況、統計通話時間及計費等。

AP 是用戶設備端與 Internet 才連接的關鍵設備,它可以配置路由及設置密碼 Key,防止非法用戶連接。而用戶設備端欲註冊入網首先需要設置正確的 IP 位址,子網路遮罩碼等,並輸入正確的 AP 名及 Key,成功連接到 AP,並通過 AP 連接到 Internet。而用戶須在通話端輸入正確的權限 User Name 和

Password，通過 Internet 才連接到 ISP 伺服器。當使用語音通話時雙方須通過同樣的方式連接到 ISP 伺服器，就可以享受其提供的語音服務。

1. 效能需求：VoWLAN 強調的效能一個是延遲，一個是封包遺失。

2. 移動性需求：VoWLAN 具備的特色一是快速線路轉移(Fast Handoff)，一是平順線路轉移(Smooth Handoff)。

3. 容量需求：不論是行動網路或是無線網路頻帶資源有限。WLAN 因為沒有資源保留的概念，使用者只要是在 AP 存取點的範圍，都能在此範圍內與其他使用者共享資源。

4. 頻帶規劃需求：利用蜂巢式網路頻道再利用結構方式，讓有限的資源作無限的利用。

5. 安全性需求：由於無線訊號屬開放式傳輸，資料訊號因在空間中傳遞容易有被竊取的風險。為了避免資料外洩，所以連線過程中須資料加密處理，以達到通訊的安全性。

5-5-3　VoIP for 3G

目前全世界正加緊將行動電話的服務由原來的全球行動通信系統(Globe System for Mobile Communications；GSM)升級朝向 3G 來佈建，以提供寬頻應用給用戶。在台灣採用適用性行動通信系統(Universal Mobile Telephone System；UMTS)和高速下行封包存取(High Speed Downlink Packet Access；HSDPA)網路，而傳統的 CDMA 業者則佈建所謂的「1x 演進式-數據增強」(1x Evolution Date Optimized；1xEV-DO)來做為 3G 的頻寬數據解決方案。中國大陸與亞洲有些國家則採用「分時-同步分碼多重存取」(Time Division-Synchronous CDMA；TD-SCDMA)以做為他們的解決方案[31]。

雖然 VoIP 成功運用在有線與無線網路，但在無線蜂巢式網路運用方面卻進展有限，主要原因是在於實行 VoIP 運用增加了許多 IP 及其他附加訊息表頭，降低了頻寬效率，而且 VoIP 服務還需要尚未取得的嚴格點對點語音 QoS 予以支援，才能確保有嚴密的延遲限制。無線行動資料應用的頻寬效率已大幅提升，而 1xEV-DO 版本 A(1xEV-DO revision A；rA)，DOrA 已經制定多項改善 VoIP 運作的標準。並有研究報告發掘出使用 DOrA 實行 VoIP 的確可行[32]。

　　無線系統的 VoIP 服務所著重層面在於信號接收，雖然 VoIP 的通訊品質已廣受研究探討，但卻鮮少有人著重於 VoIP 工作階段設定時間的探討。工作階段設定時間對於使用者滿意度可造成直接影響，VoIP 於 3G 無線網路 SIP 工作階段設定延遲最佳化，可利用可適性重傳(Adaptive Retransmission)計時器使其達最佳化之方式，而計時器的 SIP 效能搭配壓縮架構，以縮小 SIP 訊息容量後可獲得改善[33]。

　　近年來，IP 網路之發展和應用已極為普遍，有愈來愈多使用者在無線網路中使用 VoIP 服務之三大主要因素如下：

1.　商業利益：透過 IP 進行電話語音較傳統電話語音費用更低廉，尤其對長途通訊而言。使用者可能僅需支付區域迴路費用。

2.　IP 以及使用者及網路設備相關通訊協定的普及化：由於使用者個人電腦和工作站上皆有登錄 IP 位址，使得 IP 較其他現有使用者電子產品尚未安裝之技術更佔優勢。IP 的普及也使其成為啟動語音流量的便利平台。

3.　電路交換至封包交換架構之轉移：目前全球正逐漸捨電路交換網路，改採封包式網路，如此便提供可整合所有服務的端對端網路。

　　值得一提的事，再過幾年，全球微波存取互通介面標準(Worldwide Interoperability For Microware Access；WiMAX)另一種全新的定點無線寬頻網路即將帶給無線通訊和 Internet 革命性的改變，能夠讓行動裝置在全球各個角落都可以上網。在不久的未來 WiMAX 最大的應用可能會是住宅區、SOHO 和中小企業的無線寬頻市場。所提供的服務包括了高速上網、VoIP 電話語音服務和 Internet 上的應用[34]。

5-5-4　3G 與 WiFi 技術的比較

　　基本上 3G 系統在上行、下行間是一種固定且非對稱式的數據傳輸率。而 WiFi 提供了比 3G 系統還要高的峰值傳輸率，其主要是因為其使用了較大的 20MHz 頻寬。表 5-3 所示為 3G 系統技術與 WiFi 頻寬無線技術的比較[35]。

表 5-3　3G 與 WiFi 頻寬無線技術的比較表

參數	(3G)HSPA	(3G)1xEV-DO 修訂版 A	WiFi
標準	3GPP 第 6 版(R6)	3GPP2	IEEE 802.11a/g/n
下行峰值傳輸速率	使用 15 個編碼可達 14.4Mbps；使用 10 個編碼可達 7.2Mbps	3.1Mbps；修訂版 B 可支援 4.9 Mbps	共享 54 Mbps[5] 在 802.11a/g 下；大於 100 Mbps 第 2 層峰值傳輸速率在 802.11n 下
上行峰值傳輸速率	初期 1.4Mbps；未來 5.8Mbps	1.8 Mbps	
頻寬	5 MHz	1.25 MHz	802.11a/g 下是 20MHz；而 802.11n 下是 20/40MHz
調變	QPSK，16 QAM	QPSK，8PSK，16QAM	BPSK，QPSK，16 QAM，64 QAM
多工	TDM/CDMA	TDM/CDMA	CSMA
雙工	FDD	FDD	TDD

習題

1. 請描述一個標準的 PSTN 與 KTS 系統的介接模式架構，請以圖示說明？

2. 請描述 xDSL 接入技術的概述？

3. 請描述 ADSL 主要特性有那些？

4. 請描述 xDSL 技術的應用範圍？

5. 請說明 NAT 的技術概述？其 NAT 服務主要目的為何？

6. 請說明 LAN 端 IP 位址使用上有那些限制？

7. 請描述 VoIP 與 KTS 間，閘道器的應用類比與數位介面有那些？

8. 請描述 VoIP 在無線平台 WLAN 標準下可區分為那四種不同方式？

9. 請描述 VoWLAN 為使語音通話有效的連接到 ISP 伺服器，其最佳的需求條件有那些？

10. 請描述目前在無線網路中使用 VoIP 服務的三大主要因素為何？

第六章　IP PABX、IP Phone 及 IP Gateway 實務介紹與比較分析

本章節主要在提供 VoIP 網路佈署人員，在最初產品規劃時，了解產品應用上的差異性及未來擴充的需求，包括系統主架構設計、系統設備預算、產品選定及採購計劃。計劃一開始從定義明確企業使用目標，收集可用資源資訊、會勘實際運作場所，並與相關主管的討論研究，最後才安排產品分析及選定作業。

當了解所需產品的特性及詳細功能後，並確實了解使用需要，才可以開始後續施工建置規劃安排，包含了網路線路申請、網路設備架設與安裝，在整體實際實作時，以最嚴謹的態度，以其達到最理想的效果，達成使用目標：經濟實用、性能穩定、減少建構與未來擴充上的成本。

 ## 6-1　SIP Server、SIP Softswitch 與 IP PABX

在 VoIP 網路佈署中，主機系統是 VoIP 平台的核心設備，而整體功能的表現，成為佈署的成敗關鍵，故合適的 IP 通訊設備，成為非常重要的選擇，故針對 SIP Server、SIP Softswitch 與 IP PABX 的差異分析，要能徹底的了解系統功能及使用需求，方能使 VoIP 有成功的佈署與建置。所以就設備而言，分別包括 SIP Server、SIP Softswitch 與 IP PABX，但對使用人員及整體運作，是有相似之處的，故針對這些功能，將分別說明及探討，以利 VoIP 人員在規劃佈署時有正確的選擇。

6-1-1　SIP Server 剖析

SIP Server 主要提供使用者(User Agent；UA)的管理、資訊交換及傳遞，SIP Server 的組成，包含了四大區塊，就其功能分別簡易說明如下：

1. 代理伺服器(Proxy Server)：根據 UA 之用戶地點的資料，負責部份訊息的轉換及傳送，完成 UA 要求的服務。

2. 重定向伺服器(Redirect Server)：可接受 SIP 請求，對一套一個或更多地址對映目的地址，並且由回覆資訊到提出請求者的伺服器。發出請求者可由重定向伺服器的回覆，根據位置伺服器上的 IP 資料，改變 UAC 目的地 IP 地址，重送一個新 SIP 請求服務。

3. 註冊伺服器(Registrar Server)：讓 UA 註冊登錄，並將 UA 相關資訊傳送到位置伺服器。

4. 位置伺服器(Location Server)：記錄及告知 UAC (發話端)其 UAS(被叫端)之 IP 地址。

在 SIP 系統詳細運作說明已經於第四章中說明，本章節概要說明整體 SIP Server 運行，每個 UA 在開機啟動或是取得網路連接時，都要向登錄伺服器註冊自己的 SIP URI，並提供目前的 IP 位址資訊，進行登錄註冊；SIP URI 是用來識別每一個 UA，網路上的其他 UA 若要與其他 UA 進行聯繫時，則只要知到 SIP URI，而不需要知道其目前所在的 IP 位址；SIP 進行影音通話或服務時，UAC 透過代理伺服器或轉向伺服器找到 UAS，當程序建立後便可開始進行通訊服務。

SIP Server 的基本架構如圖 6-1，主要用於標準 SIP 網路服務，各代理伺服器只需管理所屬的 User Agent 即可，各代理伺服器間連繫則由位置伺服器及重定向伺服器(Redirect Server)做為呼叫橋樑，故只提供 UA 間之基本通訊功能，例如提供被叫端位址查詢及呼叫建立功能，電話接通後之轉接呼叫處理，提供通聯記錄及簡單的網路管理等，故當而 UA 與 UA 建立通訊後，SIP Server 就退出 UA 間的連繫，需 UA 與 UA 間則形成點對點(Peer to Peer)通訊，而 UA 與 UA 間的電話功能，包含了電話保留、忙線處理、電話跟隨、勿打擾、會議電話、多線電話等功能，這些功能都是由話機自行處理，完全不需要 SIP Server 的系統功能處理，因此系統有更多的時間處理呼叫話務流量，所以系統能有較高的話務處理能力；另外，UA 之間的通話，所產生的 RTP 多媒體封包也不需經過 SIP Server，所以也降低了 SIP Server 的封包流量，如此 Proxy Server 就可以提供較大量的 UA 服務。

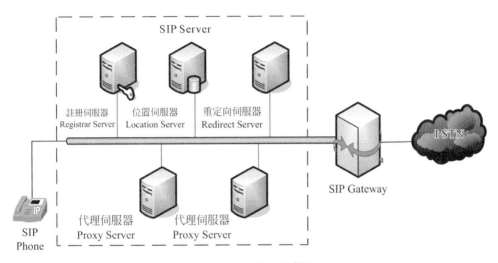

圖 6-1　SIP 基本架構圖

市面上目前有不少的 SIP Server 軟體，其中有些是免費的軟體，並且提供下載服務給有興趣的人員免費測試，也有些程式也有提供原始程式碼，供有興趣的人繼續研發及改良。

6-1-2　SIP Softswitch 剖析

因 SIP Server 只提供了基本通訊服務，而無法滿足基本辦公室電信服務機能，例如傳統 PABX 或 KTS 等強大操作功能，是 SIP Server 無法達成的，因此 SIP Softswitch 孕育而生。

而 SIP Softswitch 組成，包含了五大區塊，分別為：

1. 代理伺服器(Proxy Server)。
2. 註冊伺服器(Registrar Server)。
3. 應用伺服器(Applications Server)。
4. 使用者介面(User Agent)。
5. 多媒體伺服器(Media Server)。

SIP Softswitch 其結構與 SIP Server 非常接近，但因功能需求要符合獨立電話使用，故將大型網路功能的重定向伺服器及位置伺服器移除，而加入應用伺服器、使用者介面及多媒體伺服器，並可搭配 SIP Gateway 形成完整電信服務網。

現今市場上的 Softswitch 提供之功能，已經超越了上述所提的 SIP Server 範圍，功能接近 SIP PABX 的軟體交換伺服器，其中所增加的應用伺服器，即提供 SIP Server 無法達到的功能，SIP Softswitch 主要所提供功能如下：

1. 人工值機台(Operator Console)服務。
2. 電話自動總機(Auto Attend)服務。
3. 語音信箱系統(Voice Mail System)服務。
4. 電話通聯記錄(Call Detail Record；CDR) 。
5. 監聽錄音系統(Voice Log)。
6. 電話權限控管系統(Traffic Class)。
7. SIP 網路電話穿越 NAT 的機制。
8. 彈性撥號編碼機制 (Flexible Dial-Plan Configuration) 。
9. 電話跟隨(Call Forwarding)規則。
10. 指定伺服器使用之 UDP/TCP 通訊埠。
11. 電話來電代接(Pick Up)。
12. 電話註留服務(Call Park)。
13. 群組服務(Group Service)。
14. 來電轉接整合服務(Intergrate Call Forward)。
15. 分機電話及外線路由忙線預約(Camp On Busy)。
16. 多方會議電話(Multi-Conference)。

在使用者介面部分，主要為多路由 SIP 帳號服務，提供管轄之 SIP 分機多元電信連接及電信節費服務，所提供功能如下說明：

1. E.164 撥號服務。
2. 撥號碼自動路由判別(Auto Route)。

3. 路由備援機制，當某個 Route 或 VoIP Gateway 無回應時自動選擇其他備援 Route 或 VoIP Gateway。

4. ENUM 查詢及轉呼叫服務。

在多媒體伺服器部分，提供 SIP Softswitch 不同於 VoIP 協定之信令交換，通常也提供多種編解碼器(CODEC)轉換，將來電之語音或視訊編碼，配合被叫端之通訊服務做轉換，所提供功能如下說明：

1. 語音編解碼器(CODEC)轉換；例如來電之語音編碼為 G.711，例如被叫端之 SIP 電話只有 G.729A 時，多媒體伺服器的 DSP 即可提供 G.711 與 G.729A 之間的轉換。

2. 視訊電話服務；提供 H.263、H.264 或 MPG-4 等不同視訊影像編碼之間的轉換。

3. SKYPE 整合功能服務；增加多媒體伺服器的應用程式，也可提供 SKYPE 轉換服務，使得 SIP 分機，透過 SIP Softswitch 的路由功能整合，達成免費通話及相關服務。

4. H.323、IAX 或 MGCP 等不同 VoIP 協定間信令交換。

6-1-3　IP PABX 剖析

傳統電信的 PABX 或 KTS 也朝向 IP 化發展，為了能符合原有設備繼續使用，並提供舊有設備升級，其發展建置可分幾個階段發展。

第一階段，從具備 IP 介面(IP Enabling)開始，系統使用新的 CPU 模組及軟體，保留原有 PCM 交換介面及硬體架構，發展 IP 分機(SIP Line)及 IP 外線(SIP Trunk 或 SIP UA)介面，原有的 PCM 介面都可以使用 IP 介面等服務並且完成基本通訊。

第二階段，則將 PCM 交換迴路更新為 IP 封包交換，保留原有硬體架構，維持原有電信介面的使用。

第三階段，全面更新 CPU 模組至 SIP Server，並更新 IP 封包交換硬體架構，收容原有傳統電信介面，其架構圖如圖 6-2 所示。

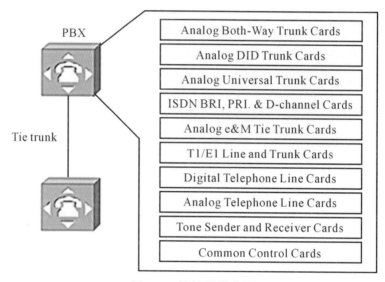

圖 6-2　傳統電信介面

　　IP PABX 之結構，與 SIP Softswitch 不同之處，在結構上多了電信介面 (Telecom Interface)，而 SIP Softswitch 則需要 IP Gateway 做為電信介面，提供傳統電信網路彙接，或是提供傳統電話介面服務，但相較於 IP PABX 的電信介面，SIP Softswitch 反而沒有 IP PABX 的多樣化服務，例如 E&M、Loop Dail、Paging、DECT 等傳統電信介面，而電信網路協定服務如 SS7、DPNSS 等，也是 IP Gateway 較難做到，其他應用服務如 ACD、CTI 等高階應用服務更是目前 SIP Softswitch 無法完全取代的，IP PABX 之結構如圖 6-3 所示。

　　傳統 PABX 在提供系統高信賴度部份，其信賴度可高達 99.9999%以上，主要原因在許多重要設備上，提供了兩組或以上的備援機制，例如兩組 Common Control CPU 熱備援、兩組 PSU (Power Supply Unit)備援、Hot swappable 儲存裝置、兩組 Common Control PCM 交換迴路備援，或是分散複式控制的容錯式系統，甚至容錯式(Fault Tolerance)Common Control CPU 系統，提供系統穩定度達 250 年以上；但是當 PABX 進入了 IP 領域，在系統穩定度上，受限於網路架構，雖然主機伺服器穩定不斷提升，但因現今 IP 網路環境的不確定因素太多，使得整體系統穩定度上大打折扣；因為 IP 交換模式改變，所有設備均以 IP 網路爲連接重心，所以針對了 IP 網路，需要有了不同的考慮方式，整體系統穩定度的維持，不能以傳統系統穩定性單一方式考慮，必需此遷就 IP 網路特性，所以 IP PABX 的系統資料庫，改採全分散式自動同步方式，來因應 IP 網路中斷所帶來的危機。

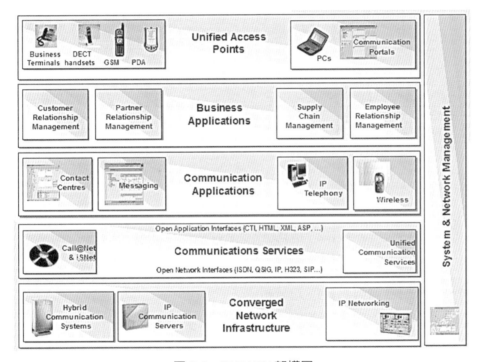

圖 6-3　IP PABX 架構圖

首先，提升系統穩定部份，避免因網路產生的風險，所以 IP PABX 的核心主機，通信伺服器(Communication Server)可完全分散，由各分支單位設定副控系統，提供各分支單位之 UA 服務，因此降低網路故障產生整體風險，如 IP 網路中斷時，也能直接提供該點的獨立運作服務，使故障產生的傷害降至最低；同時各副控通信伺服器可可隨時透過 IP 網路，自動相互同步 UA 及系統資訊，做爲其他各分支單位 UA 之備援通信伺服器；各 UA 可依區域性設定優先服務的通信伺服器，當網路因故產生中斷時，可自動切換到第二或其他副控通信伺服器，降低因網路故障造成電信服務中斷，當通信伺服器對外的當

IP 網路恢復正常時，立即同步當地資料至其他通信伺服器，並接收其他通信伺服器更新資訊，使整體網路回復正常運作。IP PABX 之通信伺服器示意，如圖 6-4 所示。

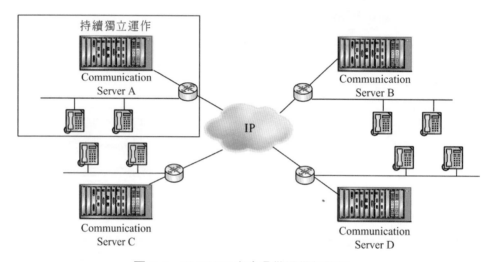

圖 6-4　IP PABX 之全分散通信伺服器

6-1-4　系統容量與話務能力分析

縱觀系統主機部份，我們已經討論到系統功能特性，使用需求目的分析，並且對於使用安全部份，包含系統穩定度及網路中斷解決方案等系統安全注意事項，均已經說明，但還有一項是實用且必須考慮，而尚未討論的部份－『話務容量』(Traffic and Capacity)系統最大使用量，即可設定之最大使用人數及連接電信網路通道數，以及系統 CPU 話務處理能力，一般常提到最基本的外線數量及內線分機數量；例如一家公司員工 200 人，依其業務型態，外線數量可由 20 至 50 線不等，如果公司提供為客戶服務之客服中心，其外線容量將會更多，所以考慮使用量及未來擴充需求，電話系統總容量就必需規劃 500 門以上，同時 CPU 也要有足夠話務處理能力，另外也要考慮具備 ISDN 線路或 IP 網路的連接能力，相對的，PABX 系統的 CPU 及記憶體就必需足夠運算及交換能力，來應付使用所需。

電話系統的運算能力部份，與一般電腦所提的 CPU 處理速度，雖然有相對關係，但主要仍取決於 IP 電話系統應用程式及作業系統的效率，例如 UNIX 或 LINEX 系統與 WINDOWS 系統，對 CPU 運算速度及記憶體的需求就有程度上的不同，其效能表現上，也有不同的結果；電話系統也因不同製造商的系統應用程式，其對 CPU 運算速度及記憶體的要求，即有顯著差別；良好的記憶體使用規劃與資料庫安排，是有助於系統效率提升。

話務忙時呼叫處理能力(Busy Hour Call Attempts；BHCA)是電話系統的運算能力的指標，同時也是話務規劃計算或量測電話系統的重要數據；而另一種話務能力處理指標，忙時呼叫完成能力(Busy Hour Call Completion；BHCC)，不同於 BHCA，其數據主要表示話務之總傳輸量，包含電話系統可完成的交換通道能力必需考慮在內。

與 BHCA 相關的重要話務單位，歐朗(Erlang)，表示在一小時連續通話的總話務量，它可用不同的話務模式(Traffic Models)來計算，並可計算出話務量的需求，是規劃通訊網路流量的基礎；歐朗話務模式計算方式有三種，Erlang B、Extended Erlang B 及 Erlang C，其中以 Erlang B 是最被廣泛的使用；舉例來說明 Erlang 計算方式，某公司所有員工，在一天中的尖峰一小時內，撥打了 1500 通的電話，而且每一通電話，平均通話時間 5 分鐘，其 Erlang 的計算如下：

Erlang = 尖峰一小時通話次數(BHCA) × 通話時間(Holding Time，小時)

Erlang = 1500　× 5/60 = 125

所以 125 Erlang 是全公司所需要的話務量，而該公司的電話系統處理能力就必需大於 125 Erlang，才能應付全公司員工電話的使用，這也代表著系統可提供 125 人同時通話能力或交換迴路，如果同時通話人數需求超過此數據，則交換迴路則必需增加。

另一重要的話務單位，百秒呼叫(Centi-Call Second)，1CCS 即 100 秒的呼叫時間，常用於美規電信系統的計算單位，而 1 Erlang = 36 CCS。

　　在電話系統的交換能力部份，目前的數位電話系統都具備『通話無阻塞』(Non-Blocking)能力，主要是說明系統交換迴路，可處理系統所有週邊迴路的交換及連接，而沒有中斷或因交換迴路不足而無法接通之情形，例如具備 1,024 × 1,024 的交換矩陣，代表系統可於任何時時間，連接 1,024 個用戶之間的電話，在任何時間，無接不通的阻塞狀況，此即為 Non-Blocking。

　　在撥號期間，要另外考慮 DTMF 收碼及發送話務處理能力，因目前電話系統使用的電話機為數位式或 DTMF 類比式話機，此時 DTMF 收碼及發送介面，則依需求另外增加；例如某公司所有員工，在一天中的尖峰一小時內，要撥打了1500通的電話，平均每通DTMF收碼使用時間18秒鐘，系統使用DTMF 之 Erlang 的計算如下：

Erlang = 1500 × 18/3600 = 7.5

　　所以系統需提供之 DTMF 解碼器至少為 8 迴路；但要特別注意，此時系統 DTMF 提供能力也為同時 8 通電話撥號，所以要提高電話同時撥號數量，則需要依各產業別，依使用需求，個別增加 DTMF 解碼器迴路。

　　對於 IP 電話系統，系統容量因為沒有週邊硬體的限制，故最大使用人數，相較於傳統電話系統，已經變得非常大，只要伺服器記憶體及儲存資料庫容量夠大，動輒可達上萬使用人，而連接電信網路介面及通道數，只要需要，都可任意擴充，而且沒有區域地點的限制，只要有網路，即可達到使用網路電話的目的；但在 IP 話務能力部份，則由兩種條件決定，一為 CPU 處理效能，另一為網路頻寬，這也成為 VoIP 發展的最大瓶頸，所以當需要高話務能力時，高效能的伺服器，高頻寬網路的需求是必然的，因此在 IP 電話系統中，最大同時通話能力(Concurrent Calls)則優先成為比較重點，這也就是現今數位電話系統高通話無阻塞能力，是無法完全被 IP 電話系統取代最主要原因之一。

6-2　SIP Gateway

Gateway 主要的功能，在於提供不同傳輸格式和不同通訊協定之間的轉換，例如 GSM Gateway 是提供 GSM 行動電話與傳統電話的轉換設備，並加上行動電話網內互打的優惠方案，提供 PABX 企業用戶的行動電話節費方式之一；而概念用在 SIP 網路電話的 SIP Gateway，則提供了傳統電信網路及 IP 資訊網路之間，語音通話的轉換設備。

一般的 VoIP SIP Gateway 在電信介面上提供之介面種類如下：

1. FXS(Foreign eXchange Station)介面：提供終端設備連接之類比介面，用以連接一般電話機，做為 IP 分機；或是連接傳真機，做為網路傳真；或是接入商用交換機的中繼線端，做為傳統電話轉換 IP 共同使用；FXS 提供傳統電話機撥號音、工作電流、來電號碼轉送及響鈴電壓。

2. FXO(Foreign eXchange Office)介面：提供連接電信局交換機之類比介面，連接電信局線路或是接於交換機的分機線端，可送出 DTMF 完成撥號動作，亦提供來電號碼偵測讀取功能，提供 IP 電話使用者，經由 VoIP Gateway 使用傳統電信網路撥打一般電話，甚至跨國之市內電話，成為國際電話節費的主要方式。

3. ISDN BRI(Basic Rate Interface)介面：提供 ISDN 基本近接連接，可設定為 NT 端，做為 ISDN 外線使用，或設定為 TE 端，做為 ISDN 分機使用，使用目的與 FXS 或 FXO 相同。

4. T1/E1 中繼線介面：提供連接電信局交換機之美規 T1 介面或歐規 E1 介面，並可支援 ISDN PRI(Primary Rate Interface)等多種通訊協定；用於大量語音通道轉換服務，可依應用設定為 NT 端或 TE 端，連接電信局線路或是接於交換機的彙接線路，目的主要與 FXO 類似，主要使用於大量線路彙接或二類電信節費使用。

SIP Server 或 SIP Softswitch，經由 Gateway 連接至傳統電信網路，提供 SIP 網路電話撥打至電信網路的電話，或是經由 Gateway，提供傳統電信設備的 IP 網路服務，基本 SIP Gateway 架構如圖 6-5 所示。

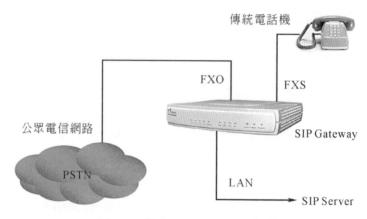

圖 6-5 基本 SIP Gateway 架構圖

　　SIP Gateway 除了配合 SIP Server 或 SIP Softswitch 使用以外，其應用功能非常多，例如於成對獨立使用時，可做為 PABX 或 KTS 之點對點之中繼彙接 (Tie Trunk)使用，或是做為 PBX 交換機利用 IP 網路延伸單機線路整合功能，應用綜合範例如圖 6-6 所示。

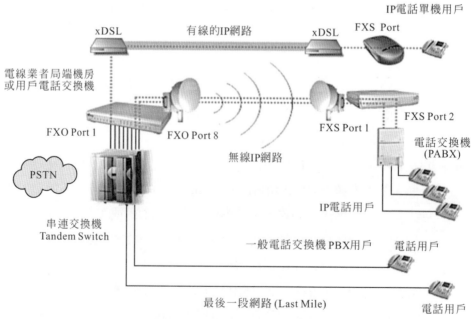

圖 6-6 SIP Gateway 綜合應用圖例

6-3　IP Phone

　　IP Phone 是屬 VoIP 的基本終端設備之一，它具備傳統人機介面，不需要複雜的學習即可使用，也因為如此，相較於其它 UA 元件，具備了方便使用的特性、電源開啓快速，所以在 IP 通訊中，是使用量最大的 UA 元件；就其硬體結構而言，IP Phone 可說是 VoIP Gateway FXS 介面加上傳統類比電話的組合，其複雜性遠超過傳統類比電話，具備網路、微處理器、人機介面，也具備專用作業系統及應用程式，幾乎是一部小型專用電腦，其方塊結構圖，如圖 6-7 所示，包含了使用者介面(User Interface)、聲音介面(Voice Interface)、核心處理器相關邏輯元件(Processor Core and associated logic)以及網路介面 (Network Interface)等四大部份，詳細說明如下：

1. 使用者介面，包含了撥號按鍵盤，提供使用者電話撥號；操作按鍵，提供使用者話機相關使用操作及話機設定；顯示螢幕及相關燈號顯示，提供使用相關使用狀態及話機設定資料顯示；使用者傳輸接孔，提供使用者其他行動裝置連接。

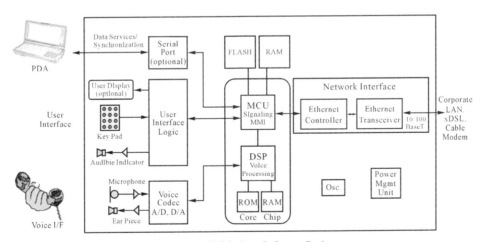

IP Telephone Reference Design

圖 6-7　IP Phone 方塊結構圖

2. 聲音介面，包含了聽筒，提供使用者電話聲音聽講；喇叭及內建麥克風，提供使用者免持聽筒對講、電話來電響鈴、話機相關使用操作及話機設定之聲音回應等。

3. 核心處理器相關邏輯元件，包含 CPU，處理程式執行，控制信號發送及接收處理，相關時間計算處理；記憶體，CPU 程式儲存及資料處理計算暫存；DSP 元件，處理聲音延遲、迴授、CODEC 等轉換；邏輯元件，處理各種介面之連接。

4. 網路介面，連接 Ethernet 相關 WAN 及 LAN 介面的資料傳送接收，部份產品亦提供簡單 NAT 功能，提供後續電腦網路連接。

IP Phone 的設定使用，則必需配合 SIP Server、SIP Softswitch 或 IP PABX 所提供資訊及授權才能使用，其基本設定資訊如下說明：

IP Phone 的設定方式，通常採用話機本身的使用者介面或是話機的網路介面來完成介面；在網路介面部份，話機則提供 WEB、Telenet 或自動安裝(Auto provision)等方式，讓使用者很容易透過電腦及網路完成相關設定；在自動載入安裝設定功能，需要配合 Server 的安裝程序檔，預先存入話機設定資料，即可完成隨插即用(Plug and Play)的功能，適合大量 IP Phone 快捷安裝，也能讓管理者集中控管 IP Phone。

IP 話機設定資料中包含了以下資料：

網路 IP 連線方式，包含了固定 IP、DHCP 浮動 IP、PPPoE 撥接式浮動 IP，同時對於 VPN 選擇功能，也有 PPTP、L2PT 或 IPSec 等可供選擇，提供通訊加密服務。

VoIP 服務位置，提供 1 至 3 組或以上 VoIP 服務者的儲存使用資訊，包含了提供 VoIP 服務網址(Domain Server)、帳號註冊管理網址(Server)、語音通道網址(Outbound Proxy)及 SIP 使用的通訊 Port。

使用者名稱(User Name)及帳號密碼(Account Password)資訊，依 VoIP 服務者提供之帳號密碼，填入相關資訊。

SIP 相關設定資訊，如支援 CODEC 種類，如 G.711、G.723、G.729 等，以及 CODEC 的 Packet Fram 時間及 Jitter Buffer 的大小；DTMF 支援型式為 RFC2833、SIP INFO 或 INBAND；RTP Port 啟始位置等，所是常用必需設定資料，同時也是搭配 SIP Softswitch 或 IP PABX 的必需內容，至於 SIP Server，只要是屬於 P2P 型式，則這些設定資訊是必需與被叫方相符合的，SIP Server 不做這些訊息處理，否則電話撥通後，不一定保證能通話對談或是使用 DTMF 做 VM 或 IVR 等相關操作。

　　IP 電話的其他部份，則主要為一般使用者操作，例如電話簿、快速鍵、日期時間及時間伺服器等功能，另外一些進階設定，如撥號計劃則依使用個案，單獨設定。

 # 6-4　Soft Phone

　　Soft Phone 是屬 VoIP 的基本終端設備之一，使用方式與 IP Phone 是相同的，不同的是硬體結構為 PC 或是 PDA 等相關手持式裝置，透過 SIP 軟體方式達成 IP Phone 等功能，另外配合電腦網路攝影機，做為影像電話，部份軟體也支援即時訊息服務(Instant Messager，IM)，可以說是簡單、方便取得的終端設備。

　　使用者介面部份，包含鍵盤、滑鼠或觸控板，提供使用者電話撥號，話機相關使用操作及話機設定；顯示螢幕，提供使用相關使用狀態及話機設定資料顯示；使用者傳輸接孔，提供使用攝影機裝置連接。

　　聲音介面，採用音效卡，提供耳機麥克風連接或是使用設備上的音源裝置。

　　網路介面，使用網路卡連接 Ethernet IP 網路，或是 WiFi 無線網路，做為網路的資料傳送接收。

　　至於 CODEC 部份，不論是聲音或影像，幾乎都由軟體來處理，依照軟體功能，支援的 CODEC 種類更多。

　　Soft Phone 的使用如同 IP Phone 一樣，但是 Soft Phone 軟體安裝於一般桌上型電腦時，則有了諸多限制，例如較不容易 24 小時待機、無法走動，但也有其他優點，軟體取得方便、多種軟體可選擇、價格低廉、多樣化人機介面、多種功能、硬體限制性小等，如果安裝於筆記型電腦或 PDA，則其顯現其移動性的優點，使得出門在外，打通免費的電話變的更容易了，所以是屬於經濟、方便的 UA 設備。

　　目前有許多免費之 Soft Phone 軟體可供下載使用，但能支援的 CODEC 大部份為 G.711 或 GSM 等，至於 G.729 或 G.723 則多半為付費軟體才有支援，約有 10 多種 Windows 作業系統之免費 Soft Phone 軟體，表列如下：

1. NCH 之 Express Talk VoIP Softphone。
2. 3CX 之 3CXPhone SIP Phone for Windows。
3. CounterPath 之 X-Lite。
4. SJLibs 之 SJphone。
5. ZoIPer 之 Zoiper 2.0 或 Zoiper Communicator。
6. QuteCom 之 QuteCom RC3。
7. Freshtel 之 FIREFLY。
8. Dante's Home Automation Projects 之 DIAX Soft Phone。
9. Adore 之 Adore Softphone Lite 3.0。
10. Vidosystem 之 Minipax Softphone Dialer。
11. MizuTech 之 Mizu Softphone。
12. FaramTech 之 FaramPhone。
13. iaxComm 之 iaxComm for Windows 32。

　　Soft Phone 共同設定資料中，包含 VoIP 服務位置，提供 VoIP 服務網址 (Domain Server)、帳號註冊管理網址(Server)、語音通道網址(Outbound Proxy) 及 SIP 使用的通訊 Port。使用者名稱(User Name)及帳號密碼(Account Password) 資訊，依 VoIP 服務者提供之帳號密碼，填入相關資訊。

其他 SIP 相關設定資訊，如支援 CODEC 種類，DTMF 支援型式，RTP Port 啓始位置等，另外也有支援視訊、IMS、Conference 等功能。

 ## 6-5　WiFi Phone

WiFi Phone 亦屬 VoIP 的終端設備之一，只是網路部份採 IEEE 802.11 無線傳輸方式，提供使用者方便使用的設備，如同 GSM、DECT、PHS 等的無線電話操作模式，使用方式也與 IP Phone 類似，可說是具備無線網路 IEEE 802.11 的 PDA 加 Soft Phone 的組合，只是硬體結構爲專用硬體的無線手持式裝置，配合使用專用的 SIP 軟體達成 IP Phone 的使用功能。

使用者介面部份，包含鍵盤、觸控板及操作按鍵，提供使用者電話撥號，話機相關使用操作及話機設定；顯示螢幕，提供使用相關使用狀態及話機相關設定資料顯示。

聲音介面，提供內建耳機、麥克風連接或是外接設備。

網路介面，使用 IEEE 802.11 無線網路，做爲聲音及資訊封包的傳送與接收。

至於 CODEC 部份，使用專用 DSP 進行 G.711、G.723、G.729 等聲音的轉換及處理。

目前 WiFi Phone 的使用尚未普及，主要受限於無線網路模組的運作方式，使得 WiFi Phone 在長時間使用較不方便，目前 WiFi Phone 的使用仍需要解決的主要問題如下：

1. 電力的長時間供應，因無線網路 IEEE 802.11 特性的影響，WiFi Phone 無法如同 GSM、3G、DECT、PHS 等無線手機，具備省電待機模式，故其電力的耗損無法有效的降低，使得 WiFi Phone 的續航力，無法與現行的無線通訊產品比擬。

2. 網路基地台(Base Station；BS)或者存取點(Access Point；AP)之支援，目前仍有 WiFi 晶片的相容性問題，造成 WiFi Phone 進行 BS 或 AP 搜尋不易及登錄困難。

3. WiFi Phone 於通話期間，無法如同 GSM、3G、DECT、PHS 等無線手

機，於各 AP 間順利進行換手(Handover)傳遞動作。

註：Wi-Fi 是一個無線網路通信技術的品牌，如圖 6-8 所示，由 Wi-Fi 聯盟(Wi-Fi Alliance)所持有，使用在通過 IEEE 802.11 標準驗證的的產品上，目的是改善使用 IEEE 802.11 標準的無線網路產品之間的互通性。

圖 6-8　Wi-Fi 標誌

習題

1. 請描述 SIP Server 的組成包含那四大區塊？並就其功能性分別說明？
2. 請以繪圖表示，說明 SIP Server 的基本架構圖？
3. 請描述 SIP Softswitch 的組成包含那五大區塊？其結構主要為何？
4. 請描述 IP PABX 其發展建置、可分為那三個階段的發展？
5. 請說明 IP PABX 與 SIP Sotswitch 之結構不同之處？
6. 請描述何謂「話務容量」？
7. 請描述一般的 VoIP SIP Gateway 在電信介面上提供那四種介面？
8. 請繪圖並說明基本 SIP Gateway 的架構圖？
9. 請描述 IP Phone 基本終端設備包含那四部份的介面？
10. 請描述何謂「Soft Phone」與「WiFi Phone」？

第七章 VoIP 與 KTS 整合實例設計與實作

因應未來高能源價格時代，各種交通運輸和人力服務成本大幅攀升，效率的掌控精確更是產業生存的關鍵，而面對競爭全球化的經濟、中小企業的效能前瞻規劃推動，更是強化企業競爭力的必要性。企業需要隨時因應各種金融風暴的衝擊，市場上的各行各業，亦深深體認提升企業競爭力的重要性，如何將公司既有資源發揮至極限，以達到「開源、節流」等目標，並創造更多的商機。另外，利用現有的網際網路將資源再提升，有效降低通信費用，也成為現今節流主要項目之一。

在前面各章節我們介紹分析了，從傳統電話到現今的 VoIP 網路電話，各類協定、技術、系統與應用的基礎。接著我們將在第七、八章節中，用一個實際的案例來設計與實作，從設計到施工架設及系統應用測試，最後將成果展示，並分析與討論每一個步驟與功能應用說明。

7-1 總公司電話網路系統現況與規劃

本實際案例由某一中小企業為規劃案例，設定有台北總公司、上海分公司以及昆山分公司，該企業員工、關係企業及協力廠商為使用人員，來規劃並架設一套 VoIP 系統。配合該企業內現有的傳統通信架構，以不改變原有操作使用習慣，在最低的設備預算範圍內，使用現有成熟的寬頻網際網路，來建置 IP 網路通信平台整合方案，藉由 VoIP 與現有該公司傳統 KTS 系統結合，期望達成該企業內區域網路節費/行動機能/增值效益、降低通信及管理成本，以及資源整合提升效益之目標。

7-1-1 現況背景與環境評估

目前由於兩岸投資環境逐漸開放，兩岸的商務往來也日漸頻繁，台商與大陸投資也越來越高。在台灣的台北總公司已經營數十年，有鑒於企業須多角化經營,該公司於十年前即在上海及昆山設立據點,並與台北總公司相互工作的支援,這些年來除了人事管理成本,兩岸差旅的花費外,另一主要支出為電話費用及網路聯繫的成本太高。如何有效的掌控總公司與各分公司狀況並能保持暢通的聯繫,同時又能兼顧成本效益的控制,當前,我們可以想得出來的最佳解決方案,也就是結合網路資料傳輸與語音通訊的 VoIP 系統。

由於希望能有有兩岸的不同網路環境做測試,一開始先與該企業負責人做分析與協調。建議運用 VoIP 網路電話的架構與技術,真正可以實現通話免費的經濟效益。表 7-1 為實作實例該企業體現況電話通信調查表。

表 7-1　實作實例現況電話通信調查表

名稱	台北總公司	上海分公司	昆山分公司	協力廠商
使用 KTS 總機	有	有	否	有
局外線數	5	2	2	5
內線數	20	5	3	15
FAX 專線	1	0	0	1
ADSL 類型	固定 IP 制	PPPoE 浮動 IP 制	PPPoE 浮動 IP 制	PPPoE 浮動 IP 制
上網速率	4 M/1 M	2 M/512 K	2 M/512 K	2 M/256 K
上網專屬電話	有	否	否	否
WiFi AP	有	有	否	否
3G 手機	1	1	0	0
上網計費方式	包月制	包月制	包月制	包月制
員工數	21	5	3	12
網路業者	中華電信	中國電信	中國電信	中華電信部分使用社區網路

就目前台北總公司與大陸分公司之話務聯繫方式為:一般國際、國內長途、行動電話、市內電話及上網用 Skype 方式。每月的通訊費用約在

NT$22,000-25,000 元左右，通話類型包含語音機聯繫與傳眞資料。由於該企業屬中小型的企業組織人數，兩地所使用的設備爲傳統按鍵總機及話機，也符合簡易 VoIP 的主要使用條件。故採用 VoIP 與傳統按鍵式電話系統相結合，以不改變其使用習慣，來導入 VoIP 的使用。

7-1-2　系統規劃需求

台北總公司與所屬各分公司，彼此間的聯繫只能透過市話、長途電話、國際長途、資源無法有效整合運用，高額的通話費確實是一個很大的負擔，也不符合未來通信網路化及無線行動化的機制。

本系統計劃基本架構如下：KTS 之使用不變爲前提，結合 Internet 之 VoIP 來運作，並整合 WiFi 行動分機、3G 行動電話、手提電腦、IP Phone 以及現有 KTS 等設備。將台北總公司、各分公司、員工、協力廠商、朋友等全部以 VoIP 連線，以資源共享方式達成節費的目的，具體目標包含了節費效益外，亦規劃完成如下的整合目標：

1. 不改變原傳統 KTS 電話的操作習慣。
2. 總公司與各分公司、員工、協力廠商建置統一分機編號、分機號碼互撥完全免費通話(所有內部聯絡不需要撥打 PSTN 外線)。
3. 可攜式分機號碼行動辦公室建立、室內、外皆可使用 IP 電話。
4. WiFi/3G 手機整合無線通信，使用 IP 通話完全免費。
5. 台北/上海/昆山上車下車撥號功能，無國際長途通話費用。
6. 行動分機與桌上電話自動跟隨功能。
7. 配合行動電信業者，建立 GSM 行動電話 MVPN 通信群，採用較低的群內、網內及網通話資費，降低其費用。
8. 網路傳眞服務。
9. 集中電話總機語音服務，擴充彈性高，可逐步更新成網路交換機。
10. 系統結合網頁功能，可直接連網兩地 VoIP 總機，查看分機註冊、上線、變更、通話情形等功能，隨時掌握分機狀況。

7-2 成本效益分析

本系統透過 Internet 語音通信平台整合 KTS 之整體方案,由點對點免費通話,擴及點對面節費之應用,全而提升為行動型及增值型效益;行動型的應用可供使用者在外也能隨時免費接聽及撥打公司分機。增值型的應用可供企業提升公司營運效率及公司形象、將行動電話化身為網路行動分機,以投資效能及其他無形價值來分析成本效益,透過 VoIP 整合方案,引領企業體改變傳統業務及服務機制,達成企業經營的三大目標,詳述如下:

1. 大幅降低通訊費用及管理維護成本
    (1) 大幅降低電話費用:在跨國的 VoIP 主機下的分支據點間的通話費用全部免費。使用行動辦公室,可以讓在外之業務人員和公司之間通話費用免費(只付每月無限上網月租費)
    (2) 將手機與桌上分機整合降低管理成本:利用 VoIP 主機節費系統,整合至行動手機上,手機打多少,統一由主機監控管理,大幅降低管理成本。
    (3) 自動路由選擇,效率大幅提升:使用者撥打行動電話,系統會尋找最節省的電話路由,利用電信業者不同的業務型態分為群內/網內/網外的 MVPN 費率級別,充分利用節費系統,提升成本控制。

2. 提升客戶開發與客服效率
    (1) 行動辦公室應用,客戶電話不漏接並能快速回應客戶需求:透過桌上分機與行動手機的相結合,充分掌握客戶的每一通電話能聯絡上相關人員。
    (2) 訊息可確實掌握:系統可輕鬆得知由哪個分機來電,並顯示於桌上分機號碼。
    (3) 不同地區可由專人應答、直接服務:VoIP 主機之電話服務可依來話者的需求,轉接到不同地區的服務人員或行動分機上。

3. 提高公司營運效率

   (1) 多方電話會議應用，提供公司更有效之溝通管道：透過 VoIP 主機可多方電話會議，各分支據點人員可在任一時間召開電話會議，提供內部有效率的即時溝通管道。

   (2) 即時的群體廣播系統：利用 VoIP 主機群播功能，可針對各分支據點人員做政令宣導及教育訓練的多點廣播。

   (3) 遠端監控系統，提升內部管理績效：總公司管理階層可以隨時隨地掌握分支據點運作狀況，提升內部管理績效。

由於 SIP 終端設備的高度移動性，所謂「分機」已不再侷限於辦公室內，也不再只是電話機了，它可以是筆記電腦、WiFi smart phone、WiFi PDA 或是 3G 手機等各種行動裝置，只要可以上網的地方「分機」就可以運作。尤其現在這些設備一般業務人員都會隨身攜帶，就如把「分機」帶在身邊一樣。另外，在員工家中，可安裝一台 SIP IP Phone 而形成一支分機，在家裡也能辦公。過去出差國外時需大量的手機漫遊費用，依此建置方案可以是分機互撥而完全是免費的，利用 VoIP 於 Internet 上的語音通話，其主要誘因是，降低企業支出成本，最顯著節省的是企業網路通訊 On-Net Traffic 免費用，網路通訊 Off-Net Traffic 費用則減少不多。主要原因是必須以既有的電話使用。

基於上述的幾種分析，本實作案例台北總公司與上海分公司及其他區域網內各分支點，透過本 VoIP 建置方案，預估每月經濟效益，如表 7-2 所示為，使用 VoIP 建置平台預估的經濟效益分析。

根據表 7-2 所示，節省率達到 80%以上，而且主要在國際電話費用部份，若以台北總公司依此 VoIP 建置方案，預計半年內即可回收建置本方案所需經費，以投資最有利的效益而言，採用 VoIP 為中小企業來節省通信話費，確實可行。

表 7-2 使用 VoIP 建置平台預估每月的經濟效益

費用項目	台北總公司	通話費率全時段(每分鐘)	使用 VoIP 節費比例	每月電話費	使用 VoIP 網內互打
固網/寬頻電話業務	16,392	0.53	76%	3,835	免費
網際網路	770	—	—	770	
行動電話月租費	2,021	—	—	2,021	
行動通信費	3,353	7.5	30%	2,347	
合計	22,536	—	—	8,973	每月可節省18,973

附註：1.本表以台北總公司 2009 年 3 月份中華電信話費帳單統計。
　　　2.台北總公司目前市話外線共 6 線，行動電話共 5 支門號。
　　　3.費用單位：新台幣。

7-3 可行性分析

　　依實際案例台北總公司與各分支據點的電話通訊使用情形，如表 7-1 所示。要在兩岸各個分支據點運用 VoIP 的解決方案，先決條件最好是 ADSL 連接必須使用固定的 IP 位址，以方便語音通道連接時，能正確快速的找到通話對方的 IP 位址。這個基本的要求。在台灣的網路環境，基本上是很容易達成的，但在大陸目前連網環境及管制語音封包的情形下，的確在執行上，我們碰到許多的困難(這些在下一章節再說明)。主要原因是大陸的 ISP 業者，目前對使用者均不提供固定 IP 位址，而是採用 PPPoE 動態 IP 方式，以增加 VoIP 應用上的困難。由於是動態分配 IP，一般的上傳下載資料是沒問題，但在點對點的語音網路使用，所產生的問題就很大。若 IP 常變更，則會產生無法正確撥號到目的位址，由其是一般 SIP 主機針對此一問題在系統上，動態 IP 的使用者所使用的相連終端設備，就必須運用另一特殊的解決方案來克服。

其作法就是將固定的網域名稱與 PPPoE 相互結合，以 DDNS 技術來解決。其方式是不管 ISP 所給的 IP 位址如何變動，其所對應的 DNS 均不會改變，所以當語音閘道器在開始連接通道時，若依據 DNS 來辨識而不以 IP 位址解析的話，則就不會有所謂 IP 變動造成判別錯誤問題。也因如此，以本實作為例，在上海分公司這一端的所有設備的網路功能 TCP/IP v4 DNS 伺服器的數據須設定為：DNS1(慣用伺服器)59.120.208.85，DNS2(其他伺服器)168.95.1.1。

DDNS 的建置需 Server 端與 Client 端兩者均支援此一功能。功能上是當 DDNS Client 端 IP 位址變動時，會自動更新 Server 端其所對應的特定 DNS 網域名稱的 IP 位址。所以當語音閘道在初始連結時，會以 DNS 先行解析，並自動取得最新且正確的 IP 位址，而建立可信賴的連結。

另外針對語音通話 RTP 大陸的限制問題，則必須同時更改 VoIP 主機的設定值，終端設備的設定，包括修改 VoIP 主機的主程式內建範圍。(此部份在第七章系統設定時予以討論)在解決上列兩大難題後，基本上在實際應用效益方面經兩端 VoIP 主機設定，實際操作與功能測試後，整體系統能力趨近完美的狀態。

中小企業體，若以目前通訊網路的建置，藉由原連接 Internet 的基礎架構，再利用 VoIP 系統整合傳統 KTS 系統來建置語音網路(不管結合或分開設置)，而在現今低成本的 ADSL 網路與系統建置低費用的情形下，有效地整合語音與資料網路，是所有大、中、小企業體的一大福音。不管是兩岸有分公司或僅台灣本島的企業體，另外有一群工程公司在本省到處有工地的企業，此實際案例，更足以貢獻給企業主參考。

 ## 7-4　系統設備建置說明

通訊與資訊的整合對企業來說越來越重要，VoIP 是新一代 IP 語音數據整合通訊方案的一環，以企業營運最為重要是有效節省成本，同時也整合通訊和資訊的應用，也可增進員工的生產力、總公司與分公司間的業務靈活度，並且能提升商業伙伴的滿意度。

目前 VoIP 技術發展已趨成熟，再加上以目前網路環境也大幅提升，也不會有頻寬不夠的問題，99%企業也都建置了乙太網路，頻寬起碼已都有 100M，且多有使用 QoS 來保證頻寬。在這些條件下，系統建置才能完全順暢。

環境與作業介紹

根據台北總公司目前電腦網路的使用情形分述如下說明及 VoIP 建置規劃

1. 目前為中華電信 ADSL 用戶，租用固定 IP 包月制，傳輸數率為 4M/1M。設有自己的網站及公司內部區域網路。

2. 為使 VoIP 網路能有獨立的運作空間，建置方向以獨立網路為原則。

3. 由於總公司區域網路及中間線路分歧過多，一開始必須將所有的路由器 IP 位址作重新的分配。(避免 IP 衝突)。

4. 由於台北總公司辦公室已使用多年，線路系統也已無法重整，規劃時以不更動網路線為原則，僅增設 VoIP 使用的線路(採明線施工)。

5. IP Phone 的設置，礙於經費之故，設置點以重要幾位員工為初期設置方向。

6. 為使 VoIP 系統達到充份的運作，並獲得實質的效能與驗證使用 VoIP 的好處，系統建置時也建議台北總公司負責人的家人、重要朋友、協力廠商也加入 IP Phone 的裝機範圍。(如有金門、桃園、台北縣各點、昆山、維吉尼亞州等)。

7. 台北總公司為配合本實際的實作，以總預算約 NT$60,000 元來完成本系統的建置。

8. 其台北總公司 VoIP 網路平面配置如圖 7-1 所示。

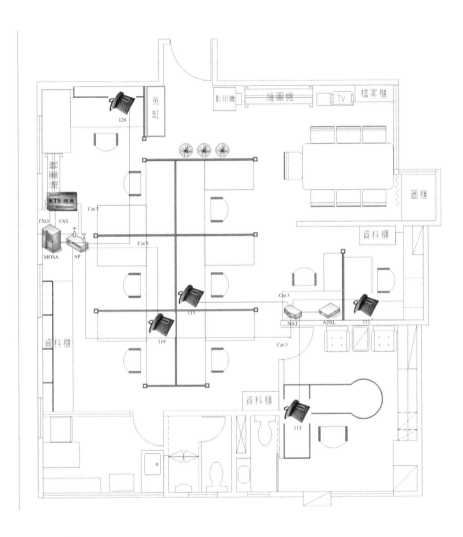

圖
例
說
明
：
　: 表示VoIP主機 (MOSA 4604A Plus)　　: 表示ADSL(2M/512K 固定IP)

　: 表示Wireless AP (D-Link DIR-615)　　: 表示IP Phone

　: 表示NAT (D-Link DI-604)

圖 7-1　台北總公司 VoIP 網路平面配置圖

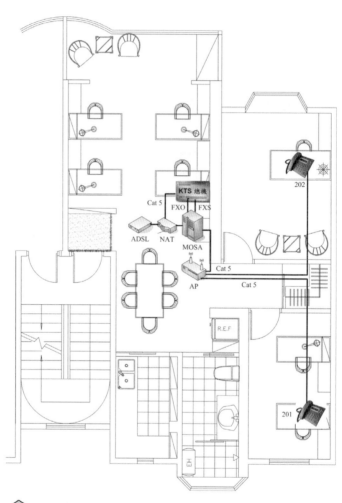

：表示VoIP主機 (MOSA 4604A Plus)

：表示ADSL (2M/512K PPPoE 動態IP)

：表示Wireless AP (D-Link DI-624)

：表示IP Phone

：表示NAT (D-Link DI-604)

圖例說明：

圖 7-2　上海分公司 VoIP 網路平面配置圖

而根據上海分公司目前電腦網路的使用情形與 VoIP 建置規劃分述如下說明：

1.　目前為中國電信 ADSL 用戶，租用 PPPoE 動態 IP 包月制，傳輸速率為 2M/512k，公司內部設有區域網路。

2.　由於員工數較少，為使 VoIP 網路與內部電腦網路運作不衝突，須重新佈設網路線與路由器分配。(包含列印與 FAX 功能)

3.　線路重新佈放，部分採用暗管施工重新拉網路線。

4.　IP Phone 的設置，設置點以重要幾位員工為初期設置方向。

5.　昆山公司由於不以重點測試為單位，原則以分支據點設置，僅提供二支 IP Phone 及部份採用 Soft phone 的方式。

6.　上海分公司為配合本實際的實作，以總預算約 NT$35,000 元來完成本系統的建置。

7.　其上海分公司 VoIP 網路平面設置如圖 7-2 所示。

 ## 7-5　設備需求與功能應用

VoIP 產品的應用我們把它細分為下列幾種來介紹。也是本實作的主要設備需求。第一種：VoIP 主機，第二種：IP Phone，第三種：WiFi/3G 手機，第四種：Soft Phone。

7-5-1　VoIP 主機的應用

第一種為 VoIP 主機，採用「昱源科技股份有限公司」的產品[36] (以下簡稱 MOSA)。該公司成立於 1999 年，係智邦科技與英業達集團轉投資 VoIP 整體專業設計製造商，曾經為世界一級大廠 IBM、Cisco、Nortel、Alcatel-Lucent 等開發電信及數據交換機產品。所研發設計之 VoIP 應用服務包括 IP-PBX、網路電話會議、IP 廣播系統、e 號通服務、SIP 分機型行動辦公室、隨身碼服務、網路客服中心及電信配號服務等多種 VoIP 系列產品。而 2004 年工研院交大網路測試中心，針對 VoIP 產品測試評比該公司產品更榮獲語音品質及語音穩定

性第一名。這也是本實作選擇採用的主要原因。本實作所採用的型號爲「MOSA
4604A Plus」產品,下面我們針對 MOSA 主機主要功能特性分述如下[37]:

　　MOSA 功能採用最新網路語音通訊技術研發而成,使用更穩定的專用系
統平台,加入傳統 FXO 及 FXS 通信介面,除可以當商用交換機使用,更具備
IP-PBX 完整功能,諸如 SIP 伺服器、語音信箱及自動總機功能,將多種主機
合爲一體提供完整之功能。透過低使用成本的網際網路來達成高品質的語音及
傳眞的服務,大量節省電話與傳眞費用的開銷,並提供更多的加值服務。此產
品並兼具有安裝簡易、機動性高、及多樣化應用的特性。本實作 VoIP 主機型
號規格如表 7-3 所示。

表 7-3　實作 VoIP 主機型號規格

型號		類比端口	SIP 端口	
			IP 內線	IP 外線
MOSA 4604A Plus	412	2 外線(FXO)+2 內線(FXS)	12	4

　　MOSA 符合 RFC3261 標準,提供 SIP 終端設備 (Gateway,IP Phone,Soft
phone 或是 WiFi Phone)註冊到 MOSA,成爲整個網路電話交換機的一支分
機,使 SIP 終端設備可以跟傳統分機整合在一起互相撥號,MOSA 本身也具
備 SIP Client 的功能,可以登錄到 SIP 電信服務供應商,之後就可以使用該服
務供應商提供的網內互打免費,節費撥打 PSTN 傳統電話等各項功能。

　　MOSA 是採用最先進的全分散式、可堆疊、可連網的設計架構,不僅提
供傳統電話交換機功能,也利用最新的 IP 交換技術達到使用者各地語音資源
共享。而其內線可以是傳統話機、傳眞機和符合 RFC3261 標準的 SIP 終端設
備,外線則可與傳統局線和新一代 SIP 軟交換機介接。MOSA 的功能特性簡
述如下:

1. 外線功能

　(1) 外線群組(Trunk Grouping):此功能乃依據外線的種類(本地局線和
　　　SIP IP),將外線區分成兩群組。而達到使用者可依話務種類選取適當

的外線群組撥打。

(2) 自動外線選取(Auto Trunk Selection)：當分機欲找尋外線撥打網外電話時，可簡單的按下外線群組抓取碼如「9」，本機將會自系統中自動選取該群組尚未使用的外線端口，供其使用。而此系統外線群組將包含本機和與其堆疊的所有設備。

(3) 自動路由選擇/最便宜路由選擇(ARS/LCR)：當分機使用「自動選擇路由」功能撥打外線電話時，系統會根據事先規劃的電信號碼路由設定自動選擇最便宜的路由撥打電話。

(4) 指定地區外線抓取(Specific Trunk Seizure)：系統中當分機欲撥打遠端網外電話時，亦可先行指定抓取該地區之外線，待聽到外線撥號音後再行撥碼。運用此功能時，該分機的長控等級仍將受到有效控管。

(5) 外線分類(Trunk Class)：外線可依據所連接的局線類別、特殊號碼或設備如門口機、外接廣播設備等，進行細部分類，讓使用者可以依據用途選用特定功能的外線(群)。

(6) 長控表等級(Call Barring)：系統有 6 種長控表等級，分機可依需要指定其長控表等級以達到限撥的功能。

(7) 撥打公專電話(Transit Call)：網外來電可藉由密碼控制讓使用者可以透過本機，再經由網路電話系統撥打另一網外電話，而達到使用者不在辦公室也能享受網路電話系統的節費功能。

(8) 簡碼撥號(Speed Dial)：本機提供 100 組簡碼撥號，號碼過長的電話號碼可以定義成簡碼，使用者只要撥簡碼即可，而不用記憶冗長的號碼。

(9) 直接局線撥號(Direct Outward Dial)：當分機鮮少撥打網內分機時，MOSA 可以讓該分機的撥號模式採用"直接局線撥號"既提起話筒聽到撥號音後直接撥打目的地電話號碼，而省去使用者選取外線的動作。

2. 內線功能

(1) 代接分群(Call Pickup Group)：系統分機可按使用人員編制如業務部、工程部區分成 10 個代接群，使同一代接群內的分機可以彼此代接來電，但又不致於誤接不相關部門電話的困擾。

(2) 內線群組(Group Hunting)：特定的分機端口可以群組起來，給予一代表號。撥入該代表號的電話，系統將在此內線群中自動尋找閒置的分機受話。

(3) 熱線(Hot Line)：分機端口可設定熱線到某一指定的分機或外線，使該分機拿起聽筒即刻接通至該指定的分機或外線

(4) 區域廣播(Zone Paging)：MOSA 的模擬外線端口可介接外界廣播系統，並達到跨地網路廣播功能。

(5) 自動話務分配(ACD)：可將來話平均分配給受話群組內的分機應答。是建設客服中心的基本功能需求。

(6) 群組廣播(Group Paging)：可利用網路同時對不同區域作即時廣播功能。如總經理對全國各據點宣達指示。

3. 電話功能

(1) 轉接(Call Transfer)：MOSA 提供咨詢轉接功能。分機可將來電跨地域的轉接至系統內任一分機。

(2) 駐留(Call Park)：當接電話的人不是來話要找的人或接聽者不希望在此話機接聽來話，此時接電話的人可對此來話啓動駐留，即來話處於保留狀態並聆聽系統音樂。此時接電話者即可透過廣播系統呼叫欲找之人告知有來電駐留，而其可於就近話機拿起聽筒鍵入駐留號碼後擷取該駐留電話。

(3) 獨佔保留(Call Hold)：是上面所述電話駐留的特例。既當接電話者使用系統定義的某一特定駐留號碼啓動駐留時，系統將只允許該駐留電話只被原啓動分機擷取而非系統內其它分機。

(4) 保留音樂(Music on Hold)：來話於轉接或保留中，可聆聽系統音樂讓來話者知道其電話尚在等待應答中。

(5) 自動外線釋放(Automatic Call Release)：MOSA 提供忙音偵測功能，並於下列時機自動啟動(a)模擬外線來電自動總機應答時(b)模擬外線公專公電話的發話端，此時若有忙音被偵測到系統將認定網外來話已掛斷電話，外線釋放機制將被啟動以確保該端口不被咬住。

(6) 會議電話(Conference Call)：系統可搭配其他設備提供會議電話功能，最多容納四內線或外線參予會議。且可依應用需求建構多間會議室，系統無會議室數目限制。

4.　分機功能

(1) 跟隨(Call Forward)：分機可設定電話跟隨到任一網內分機(不限本機之分機)，其跟隨條件有：無條件、忙線、未應答、忙線或未應答。

(2) 網外跟隨(Offnet Call Forward)：此乃 MOSA 的獨特設計，當分機使用者無法利用其桌上分機應答來話時，可將其桌上分機設定電話跟隨致某一網外電話如手機，而達到來電不遺漏的目的。其跟隨條件亦有：無條件、忙線、未應答、忙線或未應答。

(3) 經理秘書系統(Secretarial Intercept)：當人員有經理及秘書，經理的分機電話一律由秘書代接過濾，由秘書決定電話是否轉給經理的分機受話。

(4) 鬧鈴(Timed Alarm)：分機人員可以直接在分機上以按鈕輸入鬧鈴時間，時間到時本機會震鈴電話通知，例如 Morning Call。

(5) 勿干擾(DND)：經設定的分機只可撥出，無法撥入。

5.　系統功能

(1) 彈性號碼計劃(Flexible Numbering Plan)：各分機號碼和功能存取操作碼可依企業用戶組織編制或裝機地區作彈性號碼規劃，以達到容易操作和記憶的最高指標。

(2) 提示音振鈴週期選擇(Selectable Tone/Ring Specification)：MOSA 可依裝機地選取符合當地電信規格之振鈴信號、撥號音、忙線音。

(3) 計費通話明細(Call Detail Recording)：提供經由外線撥出電話的通話明細，可用於計費系統。

(4) 緊急電話(Emergency Telephone)：對稱式模塊，若遇停電會將局線與模擬分機直接介接以提供緊急電話撥出。

(5) 內建自動總機(Build-in DISA)：內建自動總機，可提供每一路外線來話或網路電話之總機服務，且總機歡迎詞可利用電話機自行錄製。

(6) 內建撥號器(Build-in Dialer)：內建 ITSP 撥號器，用戶對撥出之國際或長途電話可隨時選擇合適的二類電信運營商來服務，對系統內終端使用者(分機)將不會有任何撥號模式的改變。

搭配 PBX 運作(Behind PBX Operation)，主機可介接傳統交換機運作，使傳統交換機之內線和外線皆可與 MOSA 系列形成完整的網路語音交換系統，達到跨地語音資源共享。

(7) 整合外接式語音信箱 (Voice Mail Integration)：可利用模擬分機端口與市面上各種品牌之語音信箱介接，使達到語音引導、個人信箱留言...等功能。(語音信箱的功能視搭配之語音信箱產品而定)

(8) 堆疊和連網功能 (Networking & Stacking Service)：採分散式系統架構設計，除系統可靠度遠高於一般主機伺服器架構之 IP PBX，在連網能力上也可隨時應需求擴容。不僅單一地點多台機器可利用 LAN 建構成一 IP PBX；而且跨地區多點的所有機器亦可利用 WAN 建構成如單一 PBX 運作的完整系統。

(9) 支援虛擬 IP 地址 (Private IP Supporting)：本機除了可使用虛擬 IP 地址運作，且其 WAN 的 IP 地址亦可為動態地址。於缺少 IP 地址的地區如中國大陸及東南亞等開發中國家絕對是必需的功能。

MOSA 主機是一個完整 VoIP 平台也是一種商用交換機系統，能提供企業完整的通信服務，因應各種不同介面的連結需求，例如公眾電信系統(PSTN)、

SIP 服務商、傳真機、電話機、語音信箱、SIP IP Phone、SIP Soft-phone、
Wifi-Phone 以及各種 SIP 終端設備等等，MOSA 提供模組化的介面連接設備，
每一種介面連接設備均配備有 LAN 接口，可以透過 IP 網路相互連結，使得各
分公司之間通信零距離。MOSA 除了解決基本的介面連接外，也提供各式各
樣的應用服務伺服器(Application Service Devices)，增進整體系統的功能。

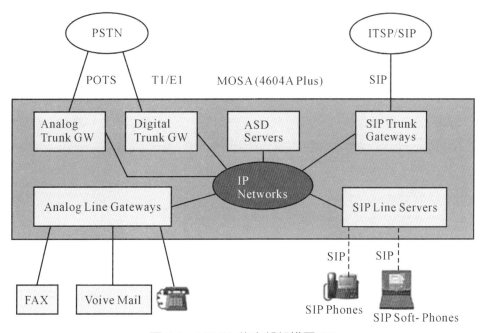

圖 7-3　MOSA 的內部架構圖[36]

　　MOSA 的內部架構如圖 7-3 所示，是以類似模組化的架構，不同的是每一
個模組是一個完整的設備，而且具有 LAN 接口可以連結至 IP Network，因應
不同介面的需求，每一種模組均提供不同的介面端口，符合完整的介面連接需
求。MOSA 主機特別適合有跨國或者多個分公司的企業，每個分公司可以依
其喜好選擇 CPE 設備，例如：傳統電話機或者新世代的 SIP IP Phone，再透過
網路的連結，將不同分公司的 MOSA 主機整合成一個單一的網路，使用者的
撥號方式和傳統的總機一樣相當方便。例如分公司之間的同仁互撥電話，不論
是在同一個辦公室或者不同國家，只需要拿起電話直撥對方的分機號碼即可。

7-5-2 IP Phone 的應用

第二種 VoIP 平台,是目前主要用於中小企業及家庭用的 IP Phone 網路接取設備。IP Phone 外觀其實與一般的電話並無太大的差異性,唯一的區別是它們與 LAN 端利用 Cat 5 網路線連接,而不是與 PSTN 用 RJ11 線連接。使用者藉助寬頻來連接電話,可直接連上 ADSL 或 NAT,即可使用。

IP Phone 主要的訴求是,使用者可經由透過網頁(Web)介面輕鬆簡單的操作設定 IP Phone 各種功能設定,創造屬個人屬名的專屬分機號碼,就算是個人移動辦公室位置,只要在插上新的位子網路線,專屬的分機號碼,永遠跟著你走。不用像傳統 KTS 總機必須重新設定你的分機號碼。IP Phone 提供良好的通話品質,並可在通話中即時記錄通話內容,掌握重要資訊,如圖 7-4 所示為 IP Phone 操作及外觀介紹。本實作所採用之 IP Phone 其基本功能如下所述:

1. 支援 SIP(RFC2543、RFC3261)通訊協定。
2. 支援線上通話錄音。
3. 來電顯示號碼、撥出號碼查詢及儲存功能。
4. 100 組電話簿。
5. 來電查詢、刪除、重播功能。
6. 免持撥號、通話自動計時顯示。
7. 通話中插撥提示。
8. 日期、時鐘顯示功能。
9. 三方通話功能。
10. 支援 Web 介面設定、Keypad 設定。
11. 配合系統主機設定另有:聽取留言、Vodnet 撥號、群組代接、跟隨。
12. 耳機功能、免持聽筒、音量控制。

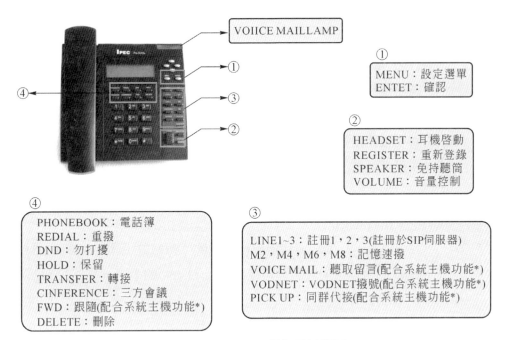

圖 7-4　IP Phone 操作及外觀圖

7-5-3　WiFi/3G 手機的應用

　　第三種 VoIP 平台爲無線區域網路(WLAN)，亦稱爲 WiFi。隨著服務供應商開始在其無線語音網路上增加數據業務，手機已經發展成爲一種多功能通訊平台。WiFi 手機能將行動性及漫遊功能相結合。最新的一種手機平台除了一般性功能外，同時具有 GSM 及 WLAN 功能的雙模手機，在 3G 手機中除了 GSM、WLAN，並兼具有第三代行動通訊的 WCDMA、HSDPA 系統的四頻操作模式。

　　在過去固定網路通信中，VoIP 提供一個節費的機制，特別是昂貴國際長途電話，但隨著網際網路用戶端頻寬越來越大加上 VoIP 技術革新，使語音品質相對的提高，使用者接受度也愈高。而固網業者國際電話的話務被 VoIP 所取代，市話與長途話務則被行動電話所取代。行動電話網路由 GSM 提升爲 3G 網路時，數據服務頻寬也大爲改善，VoIP 在行動電話上的應用逐漸實現，行動電話業者將可能受影響。

依據目前提供行動 VoIP 服務的廠商主要有三種類型[38]：

1. 專屬行動 VoIP 用戶端程式提供商(Proprietary Client Provider)

運用現有網際網路基礎，運用行動技術創新策略開發新應用，提供新型態的服務。用戶端程式基本上是免費的，業者透過廣告或與其所提供的其他服務獲利。這些應用有手機業者自有標準開發出用戶端應用程式。使用者可以透過網站下載相關用戶端 VoIP 軟體使用，例如 Nokia E、N 系列的部份款式可執行。

2. 現有業者(Incumbent)

結合既有無線網路與新無線科技提供行動 VoIP 服務，如 Hutchison 與 Skype 的合作透過實體通路推出預裝 Skype 的手機，並搭配 Skype IN/OUT 使用。

3. 虛擬行動 VoIP 營運商(Virtual Mobile VoIP Operator)

本身並不擁有網路基礎建設，利用現有無線網路基礎，提供符合標準的產品與介面，以提供服務。在行動電話上，iPhone 與大多數 smart phone 將可直接使用行動電話的數據服務撥打。

隨著 3G 網路陸續建置完成，對手機新的應用提供了發展的有利平台。而在 3G 手機數據傳輸方面，內建支援 WLAN 加密模式 WEP、行動 VPN、網路電話、IETF SIP 協定與 3GPP 等網路語音功能，市場上各手機品牌也僅只有 Nokia E、N 系列的部份款式可執行。本實作手機應用選定時詳細比較 Nokia 各款型號的差異性，最終是以商務機種 E71 為實作的測試款(結論是相當的滿意)。

下面為摘錄自 Nokia E71 手機產品規格中部份的功能說明：

1. 安全功能
   (1) 按鍵自動鎖定。
   (2) 手機自動鎖定。
   (3) 遠端鎖定。

(4) 手機記憶體及 micro SD 記憶卡內容皆可透過資料加密保護。

(5) 行動 VPN。

2. 操作頻率

(1) 四頻 EGSM 850/900/1800/1900，WCDMA 900/2100 HSDPA。

(2) 離線模式。

3. 數據傳輸

(1) CSD。

(2) HSCSD。

(3) GPRS 等級 A，最高傳輸速度：100 / 60 kbps (下載/上傳)。

(4) EDGE 等級 A，最高傳輸速度：296 / 177.6 kbps (下載/上傳)。

(5) WCDMA 900/2100，最高傳輸速度：384/384 kbps (下載/上傳)。

(6) HSDPA 等級 6，最高傳輸速度：3.6 Mbps/384 kbps (下載/上傳)。

(7) 無線區域網路 IEEE 802.11b/g。

(8) 無線區域網路加密模式：WEP、802.1X、WPA、WPA2。

(9) 支援 TCP/IP。

(10) Nokia 個人電腦網路存取(可當作數據機使用)。

(11) IETF SIP 與 3GPP。

4. 通話管理

(1) 會議通話。

(2) 即按即說。

(3) 網路電話。

5. 上網

(1) 支援語法：HTML、XHTML、MP、WML、CSS。

(2) 支援協定：HTTP、WAP 2.0。

(3) 支援 TCP/IP。

(4) Nokia 瀏覽器- JavaScript 1.3 和 1.5 版- Mini Map -Nokia 行動搜尋。

(5) 個人電腦網路存取(可當作數據機使用)。

如圖 7-5 所示，為 WiFi/3G 手機連網操作情形。

已登入無線AP　　　分機已註冊MOSA　　　手機網路電話操作鍵

圖 7-5　WiFi/3G 手機連網操作情形

7-5-4　Soft Phone 的應用

第四種 VoIP 平台為軟體式電話(Soft phone)，也就是 IP 電話的軟體，它可以安裝在一台個人電腦(PC 或 NB)利用軟體功能作為一個 IP 電話使用。軟體式電話需有音頻硬體在個人電腦中運行，須具備音效卡、揚聲器、耳機和麥克風，或者是一個 USB 電話機。

目前軟體式電話，市場上有 11 種支援 SIP 通訊協定，係取材自 VoIP 資訊 Wiki [39]所公布的 VoIP 軟體式電話清單；這些軟體式電話都是在各種 OS 平台上運行的軟體式電話，且功能、成本和供應商也都不盡相同，其中四種(Adore Soft phone、Express Talk、SIPp 和 WinSip)僅可在 Windows 環境下運作，有兩種(Kphone 和 LinPhone)則適用 Linux 環境，另外三種(Phoner、sipXPhone 和 Yate)適用於 Windows 和 Linux 環境，其他兩種(eyeBeam 和 SJphone)則有 Windows、Mac OS X 和 Pocket PC 版本。以上軟體式電話所支援的功能差異甚大，例如：Express Talk 提供通話保留和轉接功能、Adore Soft Phone 和 eyeBeam 則可作為視訊電話使用、eyeBeam 和 Kphone 支援即時通訊，而 WinSip

則較屬於大量通話產生器和測試工具。其中部分電話，如 LinPhone、Kphone 和 sipXphone 為開放來源，其他部分如 Phoner 為免費軟體，其他則為市售商品。如圖 7-6 所示，為本實作所使用的軟體式電話 eyeBeam 的連網情形，基本上操作與設定簡單，只要一個頁面的設定就可以完成登錄主機認證，並可在訊息欄中，完整看到 SIP 運作的訊息格式。

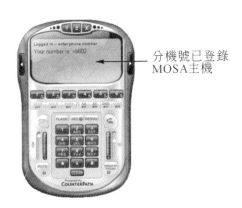

分機號已登錄 MOSA主機

圖 7-6　本實作的 Soft Phone 連網情形

7-5-5　行動電話 MVPN 節費器的應用

　　第五種不屬 VoIP 系統的是另一「行動電話節費設備」(又稱 GSM Gateway 器)。本實作也在建置系統時一併列入設計考量重點，唯因預算有限四家電信業者只利用"中華電信"為實作參考。節費器設備採用"元新資訊公司"產品[40]。

　　目前市場上行動電話節費器可直接安裝在一般電話機上，在撥號時，行動電話節費器自動判斷撥出電話類別，撥打一般市內電話，由公司 KTS 經 PSTN 線路撥出，若撥打行動電話，行動電話節費器將啟動 GSM 發話系統，透過 GSM 網路無線傳輸，利用 GSM 網內通訊費用減半的特性，節省超過 80% 的通話費用。行動電話節費器使用在企業用戶時，可直接安裝在總機端，每個電話分機都能夠使用。採用此設備主要目的在整合目前所有通訊業的市場特性，建置屬於企業的專屬通訊網路。

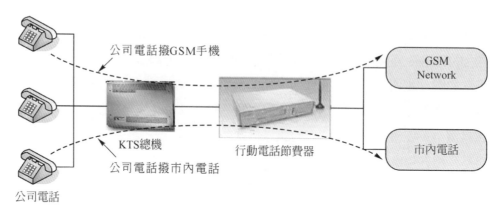

圖 7-7 行動電話 MVPN 轉接架構圖

如圖 7-7 所示，爲行動電話 MVPN 轉接架構圖，操作說明如下：
由公司話機撥打行動電話：

步驟 1：各分機撥打行動電話時，訊號先經由公司 KTS 總機送出。
步驟 2：再由 KTS 總機連接至行動電話節費器。
步驟 3：自動判別撥出電話爲行動電話，訊號經由 GSM 天線，發射到行
　　　　動電話基地台。
步驟 4：與所撥出的對方行動電話通話。

由公司話機撥打市內電話：

步驟 1：各分機撥打市內電話時，訊號先經由公司 KTS 總機送出。
步驟 2：再由 KTS 總機連接至行動電話節費器。
步驟 3：市內電話，訊號經由市話線路(PSTN)傳遞至固網業者。
步驟 4：與所撥出的對方市話通話。

針對電信業者行動群組 MVPN 以"中華電信"優惠方案作以下的概述[28]：
MVPN 行動群組電話服務之定義：
1. 群首：加入本服務之中華電信行動電話某一特定門號。
2. 組員：除群首外，其員工、家人、朋友加入中華電信行動電話之門號。
3. 群組內成員：包括群首與組員。

4. 群組外指定號碼：除上項群組內成員外，可另設定其他中華電信行動電話或市內電話號碼。

5. MVPN 行動群組電話服務提供，群組內成員相互間或撥至群組外指定號碼之通信，以 2+簡碼或 2+全碼方式撥號，並享有優惠費率。

6. 組員之 MVPN 月租費及異動費得併入群首或個別組員之帳單計費；群組外指定號碼之 MVPN 月租費及異動費均應併群首方之帳單計費。

7. 群組內成員數至少須達十個門號(含)以上。

8. MVPN 行動群組電話服務其節費效果如表 7-4 所示。

表 7-4　MVPN 行動群組電話服務其節費效果

通話模式		目前通話費率	MVPN 通話費率	MVPN 節費%
☎	📱	$0.1/秒=$6/分	MVPN 群內 $0.02/秒=$1.2/分	80%
☎	📱	$0.1/秒=$6/分	中華網內 $0.05/秒=$3/分	50%
☎	📱	$0.1/秒=$6/分	中華網外 $0.06/秒=$3.6/分	40%
📱	☎	$0.1~0.05/秒 =$6~3/分	MVPN 群內 $0.03~0.02/秒 =$1.8~1.2/分	80%
📱	📱	網內互打 $0.1~0.05/秒 =$6~3/分	MVPN 群內 $0.03~0.02/秒 =$1.8~1.2/分	63%

習題

1. 請描述透過 VoIP 整合方案，引領企業達成經營的三大目標為何？
2. 請描述企業以 VoIP 整合可大幅降低電話費用及管理維護成本有三項具體的內容為何？
3. 請描述何謂「分機」？
4. 請說明 VoIP 主機有那些比較具體的功能特性？
5. VoIP 網路系統具體而言可分為那五種應用？
6. 請說明 IP Phone 的基本功能特性為何？

第八章　實例測試成果分析

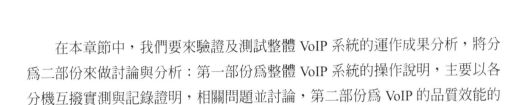

在本章節中，我們要來驗證及測試整體 VoIP 系統的運作成果分析，將分為二部份來做討論與分析：第一部份為整體 VoIP 系統的操作說明，主要以各分機互撥實測與記錄證明，相關問題並討論，第二部份為 VoIP 的品質效能的評量標準與量測方法，討論分析。

 ## 8-1　整體 VoIP 系統運作架構

對於多個分公司的小型企業而言，MOSA 是一套非常適合小型企業使用的網路 VoIP 主機；以本實作建置的機型為 4604A Plus，實機測試後發覺可以很輕鬆的達到網路分機互撥、轉接、跟隨等功能，語音品質上幾乎與傳統類比話機一樣好用，在第六章我們討論了所有 VoIP 設備平台的差異，接著我們把系統分開來討論如何，將多點的小區域網路連結在一個大的區域 VoIP 網路，來使用網路電話。

8-1-1　台北總公司系統架構圖

如圖 8-1 所示為台北總公司端的系統架構圖。在台北總公司我們使用一台 MOSA 4604A，具備了 2 外線 2 內線的 MOSA 主機，FXO 及 FXS 端口與總公司的 KTS 總機介接，KTS 總機連接 GSM 撥號器，並搭配「中華電信」MVPN 優惠方案申請之 SIM 卡裝入其中。MOSA WAN 端連接至寬頻分享器，LAN 端連接至 Wireless AP，總公司內 IP Phone 裝設 6 支分機，號碼分別為 112 至 123，WiFi/3G 無線上網手機 1 支，Internet 採用 ADSL 固定 IP，傳輸速率為 4M/1M。

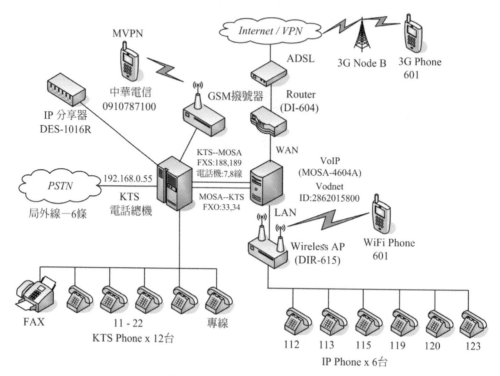

圖 8-1 台北總公司系統架構圖

8-1-2 上海分公司系統架構

　　如圖 8-2 所示為上海分公司端的系統架構圖。在上海分公司同樣使用一台 MOSA 4604A，具備了 2 外線 2 內線的 VoIP 主機，FXO、FXS 端與分公司的 KTS 總機介接，MOSA WAN 端連接至無線寬頻分享器，LAN 端連接至 HUB，Internet 採用 ADSL，IP 為 PPPoE 浮動式 IP，傳輸速率 2M/512k。在實作測試中，我們發現，在上海地區的 3G 手機使用上有限制；3G 系統在 Internet 的連網部份，上海還未普及，而且系統與台灣不同，上海 3G 系統目前採用 TD-SCDMA，系統，而台灣目前則採用 WCDMA，或是 CDMA2000 系統。另外，若在上海買一台 3G 手機使用，也會因為數據網路的資費方式，沒有像台灣有無限上網方式，而無法採用固定資費的網路服務，這二點為本實作被限制住的理由。在作測試時僅能利用 WLAN 網路功能在室內使用。

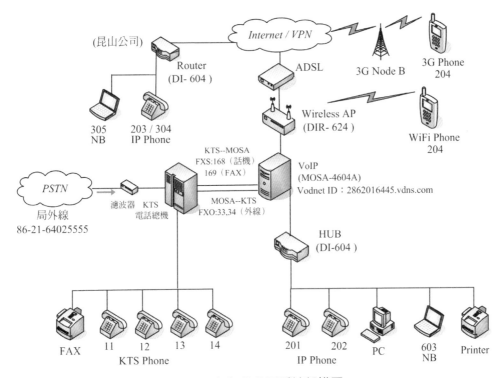

圖 8-2　上海分公司系統架構圖

　　而昆山分公司採用以分支據點的作法，為使系統在都是 PPPoE 動態 IP 的情形下，如何將 MOSA 與另一使用端連網。提供 IP Phone 分機 1 支，其餘皆採用 Soft Phone 的方式連網。基本上我們也碰到許多的狀況，第一，動態 IP 的使用點始終無法很快的登錄註冊上海分公司的 MOSA，IP 位址一段時間就會變動。解決方法，就是重新改變 MOSA 主機的 IP 位址，以 MOSA 主機出廠的 Vodnet ID 來取代分公司的 MOSA IP 位址，例如：2862016445.Vdns.com 以此網域位址來尋找。第二，RTP 被擋掉，(這一點只有大陸地區會發生)區域外部的話機最後可以登錄但無法通話，這一點在實作中確實遇到了瓶頸，(也跑了二、三趟上海去解決)，最後只好把 MOSA 標準信令端口全改，並縮小數據規格，這當中改變了 WEB、SIP、RTP、FTP 等。上述二點也是本實作最困難的應用面與技術操作。

8-1-3 動態的 IP 系統架構

如圖 8-3 所示,為註冊於台北總公司端 MOSA 主機的各分機系統架構連結方式,有該公司負責人的家人、朋友、關係企業平常聯絡用,每一個點分配一支分機號碼。現在的家庭幾乎家家都有平常上網的 ADSL 設備,傳輸速率只要 256k,基本上都足夠使用語音通話,為方便 IP 的自動分配功能,各點皆設有 Router 的設置,當 IP Phone 依第 7.3.4 節設定好,MOSA 也登錄好分機號,只要各 IP Phone 與 Router LAN 端連結,即可馬上登錄註冊到台北總公司 MOSA 主機。這麼快的時間(約 20-30 秒)基本原理是台北總公司 MOSA 主機端是採固定 IP 制,其位址不會隨意更動。

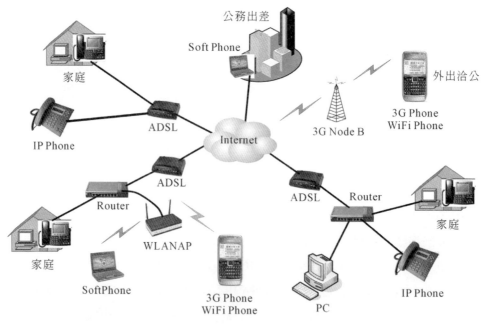

圖 8-3　動態的 IP 系統架構圖

8-1-4 整合後實際網路電話系統架構

如圖 8-4 所示,為整合台北總公司、上海分公司與各分支據點的網路電話系統架構圖,整合內容包含:VoIP、KTS、Soft Phone、WiFi/3G 手機、GSM

節費 MVPN 及各分支的 IP Phone 之區域網路，在此實際案例下，創造了免費
的使用網路電話，已達到具體效能完全實現。

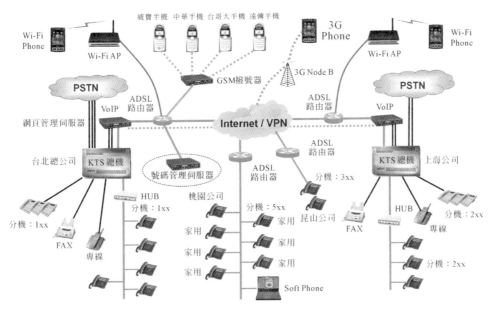

圖 8-4　整合後實際網路電話系統架構圖

 ## 8-2　系統應用與操作流程

我們把圖 8-4 複雜的架構圖再簡化表示，如圖 8-5 所示，為整體系統應用
架構圖解，分述如下：

1. Ⓐ表示為台北總公司所使用的設備平台，包括：VoIP 伺服器(MOSA)、
   KTS 總機及話機、IP Phone、WLAN AP、WiFi/3G 手機、NB、GSM 撥
   號器等。
2. Ⓑ表示為上海分公司所使用的設備平台，包括：VoIP 伺服器(MOSA)、
   KTS 總機及話機、IP Phone、WLAN AP、WiFi/3G 手機、NB 等。
3. Ⓒ表示為家人、朋友、關係企業等，各分支據點所使用的分機 IP Phone。
4. Ⓓ表示為人員出差或外出洽公時所使用的 WiFi/3G 手機。

5. Ⓔ表示為人員出差或外出洽公時所使用的 NB。

6. Ⓕ表示為在台北端一般市內電話。(27056666 為假設號碼)。

7. Ⓖ表示為在上海端一般市內電話。(64025555 為假設號碼)。

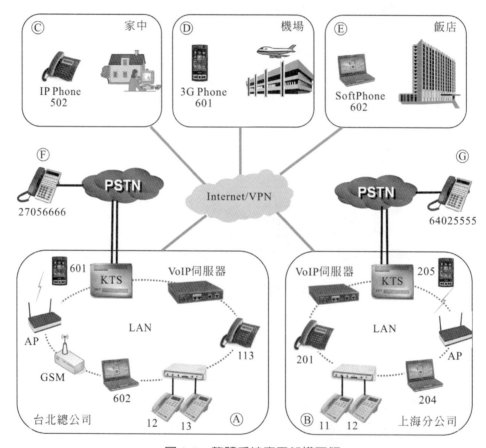

圖 8-5　整體系統應用架構圖解

8-2-1　系統參數說明

　　VoIP 主機(MOSA)是一台 SIP 伺服器，它可以提供所連接的 SIP 終端設備登錄註冊，當這些 SIP 終端設備透過網路向 VoIP 主機 SIP Line 註冊後，便可以成為 VoIP 系統下的一支分機，便能夠使用所有的分機功能。所以 SIP 終端設備有一個優勢，便是行動化的優勢、不管是 SIP、IP Phone、WiFi/3G Phone 或是 SIP Soft Phone，只要在可以上網連到 VoIP 主機的地方，其分機的功能就可以使用。

首先我們先介紹一個重要設備「Router」，它是 LAN 與 Internet 介接之媒介，一般可能還會包含其它之功能，例如 Firewall, DHCP Server…。DHCP Server 是負責配發 IP 位址給網路上的電腦及設備使用，目前市場上 Router 幾乎都有啟動 DHCP Server 功能。如圖 8-6 所示為 Router 於 WAN 端與 LAN 端 IP 的分配及配線情形。

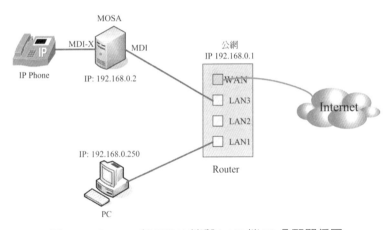

圖 8-6　Router 於 WAN 端與 LAN 端 IP 分配關係圖

以下以 Windows XP 為例，將 PC 的網路卡設定成 DHCP：點選網路卡 Internet Protocol 的內容選項 (開始→設定→網路和撥號連線→在"區域連線"按右鍵→選擇 "內容"→單擊 Internet Protocol(TCP/IP) →再點選"內容")，選"自動取得 IP 位址"和"自動取得 DNS 伺服器位址"，點選"確定"。

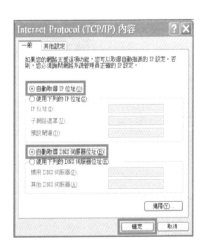

確認 PC 已從 Router 拿到 IP 的位址：進入 PC 的 Command 模式 (開始→執行輸入 cmd 再按"確定")輸入"ipconfig"按"Enter"，即可了解是否已取得 IP。

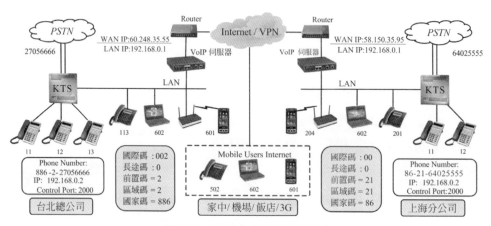

圖 8-7　系統參數架構示意圖

如圖 8-7 所示，為系統參數架構示意圖，每一台 VoIP 主機在裝機時都要配置一個電話號碼，這個電話號碼應該使用和裝機地區相同的電信國碼和區域碼。以方便任一 VoIP 加入系統運作時，可根據所配置的電話號碼獲得自己的裝機地區的資訊，提供正確的系統路由選擇和控制，連結不同地區的 VoIP 主機協同運作。

VoIP 主機的電話號碼依 E.164 編碼規則，共有三個欄位：

1. 電信國碼(Country Code)：台灣為「886」、中國為「86」。
2. 電信區碼(Area Code)：台北為「2」、上海為「21」。
3. 電話號碼(Phone Number)：不含國碼和區碼的本地電話號碼。

兩端的 VoIP 主機系統參數說明：

1. 台北總公司：
    (1) VoIP 主機本身的電話號碼：+886-2-27056666(設定為公司代表號)。
    (2) 內線：112~123，301~305，501~507，601~602(詳附錄一分機編號表)。
    (3) IP 位址：192.168.0.2。
    (4) 信令控制端口：2000。

2. 上海分公司
    (1) VoIP 主機本身的電話號碼：+86-21-64025555(設定為公司代表號)。
    (2) 內線：201~208(詳附錄二分機編號表)。
    (3) IP 位址：192.168.0.2。
    (4) 信令控制端口：2000。

3. 家中/飯店/機場的部份則使用行動分機，如圖所示分機的 601，602，502，基本上都認定 IP 位址為 PPPoE 的動態 IP。

8-2-2　基本撥號功能說明

我們以圖 8-8 的操作圖解來做各種基本撥號功能說明。台北總公司的外線號碼為 27056666，KTS 分機 11~13，IP Phone 分機 113，NB 分機 602，WiFi 手機分機 601。上海分公司外線號碼為 64025555，KTS 分機為 11~12，IP Phone 分機 201，NB 分機 602，WiFi 手機分機 204。還有三台 SIP 設備透過 Internet 連接，這三台設備分別為是一台 NB、一台 IP Phone 以及一支 SIP 的 3G 手機。

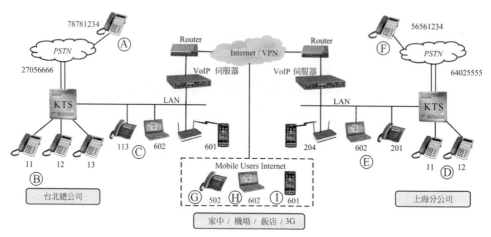

圖 8-8　基本撥號操作圖解

　　其中 H、C、E 點之分機號相同為 602 認定為行動分機，I 點的 601 分機與 C 點的 601 分機因為同一支手機故分機編號一樣，也屬行動分機。A 及 F 點為 PSTN 網外的任一市內電話，其號碼為假設號碼。下面針對基本撥號方式分述如下：

1. 分機互撥(遠端)

　　　　由台北端 C 分機 113 撥至上海端 E 分機 201(如圖 8-9 所示)：

(1) 分機 113 拿起話筒(聽到撥號音)。

(2) 撥打 E 的分機號碼【201】(113 聽到回鈴聲，201 開始振鈴)。

(3) 分機 201 接起電話(113、201 開始通話)。

2. 分機互撥(遠端 Internet)

　　　　由台北端 C 分機 602 撥至 Internet 上 G 的 SIP 分機 502(如圖 8-9 所示)：

(1) 分機 602 啟動 Soft Phone 軟體，按迴路選擇鍵(聽到撥號音)。

(2) 撥打 G 的分機號碼【502】(602 聽到回鈴音，502 開始振鈴)。

(3) 分機 502 接起電話(602、502 開始通話)。

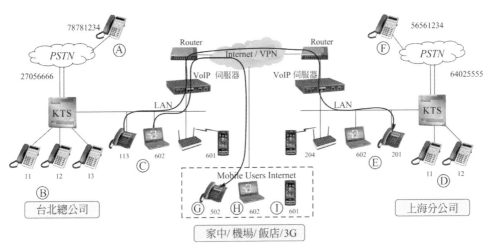

圖 8-9　基本撥號操作(一)

3. 分機互撥(KTS 話機)撥 Internet 上分機 IP Phone)

由台北端 B 分機 12 撥至 Internet 上 G 的 SIP 分機 502(如圖 8-10 所示)：

(1) 分機 12 拿起話筒按外線 7 或 8(聽到撥號音)。

(2) 撥打 G 的分機號碼【502】(12 聽到回鈴音，502 開始振鈴)。

(3) 分機 502 接起電話(12、502 開始通話)。

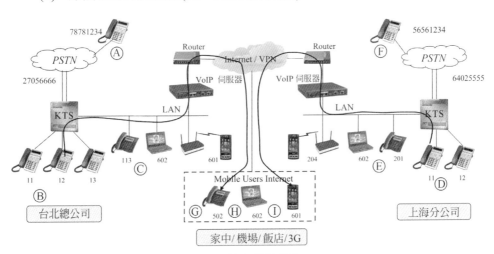

圖 8-10　基本撥號操作(二)

4. 分機互撥(KTS 話機撥 Internet 上分機 3G)

  由上海端 D 分機 11 撥至 Internet 上 I 的 SIP 分機 601(如圖 8-10 所示)：

  (1) 分機 11 拿起話筒按外線 3(聽到撥號音)。

  (2) 撥打 I 的分機號碼【601】(11 聽到回鈴音，601 開始振鈴)。

  (3) 分機 601 按接聽鍵(11、601 開始通話)。

5. 分機撥打遠端外線(IP Phone 撥打 KTS 外線)

  由台北端 C 分機 113 撥至上海端 F 的室內電話(如圖 8-11 所示)：

  (1) 分機 113 拿起話筒(聽到撥號音)。

  (2) 撥打*9-86-21#0 聽到另一個撥號音。

  (3) 再撥 F 的市話號碼【56561234】(113 聽到回鈴聲 F 開始振鈴)。

  (4) 上海電信用戶 F 接起電話(113、F 開始通話)。

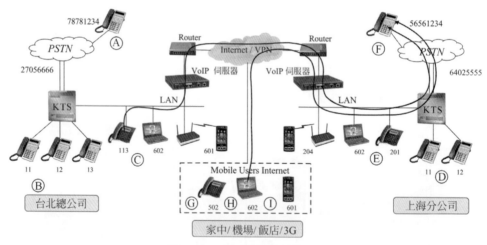

圖 8-11　基本撥號操作(三)

6. 分機撥打遠端外線(行動分機透過 Internet 打 KTS 外線)

  由行動分機 I 的 602 撥至上海端 F 的室內電話(如圖 8-11 所示)：

  (1) 分機 602 選擇撥號迴路 1(聽到撥號音)。

  (2) 分機 602 啟動 Soft Phone 軟體直接撥*9-86-21#0。

(3) 再撥 F 的市話號碼【56561234】(602 聽到回鈴音，F 開始振鈴)。

(4) 上海電信用戶 F 接起電話(602、F 開始通話)。

7. 撥打行動分機(IP Phone 撥打 WiFi 分機)

　　由台北端 C 分機 113 撥至上海端 E 的 WiFi 分機 201(如圖 8-12 所示)：

(1) 分機 113 拿起話筒(聽到撥號音)。

(2) 撥打上海端 E 的 WiFi 分機號碼【204】(113 聽到回鈴音，204 開始振鈴)。

(3) 分機 204 按接聽鍵(113、204 開始通話)。

8. 撥打行動電話(Soft Phone 撥打 3G 分機)

　　由台北端 C 分機 602 撥至 Internet 上的行動分機 3G 601(如圖 8-12 所示)：

(1) 分機 602 啟動 Soft Phone 軟體，按迴路選擇鍵(聽到撥號音)。

(2) 撥打 I 的分機號碼【601】(602 聽到回鈴音，601 開始振鈴)。

(3) 分機 601 按接聽鍵(602、601 開始通話)。

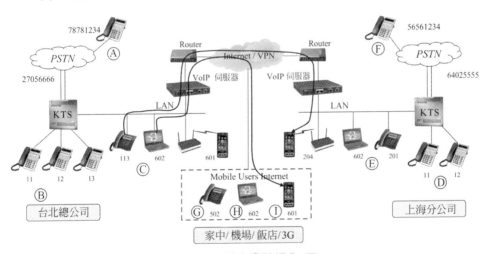

圖 8-12　基本撥號操作(四)

9. 電話跟隨

　　由上海端 E 分機 201 撥找台北 A 君(假設 113、601 同為 A 君使用)(如圖 8-13 所示)：

(1) 分機 201 拿起話筒(聽到撥號音)。

(2) 撥打台北端 C 的分機號碼【113】(201 聽到回鈴音，113 開始振鈴)。

(3) 分機 113 振鈴 4 聲(約 15 秒)沒接，自動轉接第 1 選擇 WiFi 手機 601(MOSA 原設定)。

(4) WiFi 分機 601 無振鈴音，第 3 秒再轉第 2 選擇 3G 手機行動分機號碼 601 分機(MOSA 原設定)。

(5) 此時 201 聽到回鈴音，3G601 開始振鈴。

(6) 分機 3G601 按接聽鍵(201、601 開始通話)

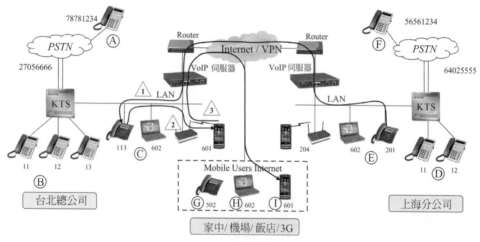

圖 8-13　基本撥號操作(五)

上列基本撥號操作，可詳本章最後所附之照片。

 ## 8-3　VoIP 系統語音品質評量與量測分析

　　前面我們提到，本實作 VoIP 系統採用的編號標準為 ITU 的 G.729、G.723.1、G.711，實際通話的品質已可達到很高的水準，與 PSTN 傳統電話相比幾乎可以並駕齊驅。在本節針對 VoIP 系統語音品質量測及訊息狀態做一分析。我們要如何了解語音品質的好壞呢？一般被用來衡量分析通話品質的指標有 MOS、PSQM 和 E-Model 及另一種 VQmon(E 模型的擴展)等幾種方法，隨著演算法的精進、通話品質也更接近 PSTN 的傳統電話。以下我們將各評量方式作一簡介[44]、[45]。

　　首先我們先認識三類基本的呼叫服務品質：

1. 傳輸的品質：主要指用於承載語音訊號的網路連線品質。

2. 會談的品質：指終端用戶對整個通話的過程中，對雙方的會談能力和收聽品質作出的評價，包括延遲和回音可能影響通話的相關問題。

3. 收聽的品質：指終端用戶對在呼叫過程中所聽到的聲音品質評價。

　　呼叫品質測量其主要目的是透過點對點主觀式或客觀式的量測方法，也就是透過人為的量測統計或電腦的量測工具，對一種或多種以上的呼叫品質提供一個可信的估計來判定。而影響 VoIP 的通話品質，前面章節我們介紹過有網路封包的延遲、抖動、封包遺失、回音等，量測這些參數其實就是量測整個網路的效能，而進一步了解整個網路的通話品質。

1. 主觀式品質量測

　　　　這種語音品質量測其實是一種久經考驗的方法，但此種以人為的方式成本太高，時間也太長。另一種我們常聽到的主觀式量測方法，又稱為絕對類定級(Absolute Category Rating；ACR)量測。在 ACR 方法中，主要分為 5 級，收聽者依照 1-5 級的指標對語音系統文件進行分級調查：

　　　　5　非常好

　　　　4　好　　　(4.5-4.0=可收費電信級)

　　　　3　可以　　(4.0-3.5=可通話通信級)

　　　　2　較差　　(3.5-2.5=可建立連接級)

　　　　1　差

在取得每個被測者收聽後提供的得分後，再統計所有語音文件的平均意見分數(Mean Opinion Scaled；MOS)分析得出該語音的品質。當然要讓 ACR 所量測值提高可信度，接受量測人數最少要在 16 個以上，其量測必須在一個安靜的環境下進行。由於是主觀式量測，必須認識到這種量測是眞正由主觀因素來決定的，其結果也可能會隨主體的不同而有很大差異。

2. 客觀式品質量測

主觀式的 MOS 量測方法，完全是依據個人的感覺來評斷語音的好與差，其結果很難對 VoIP 的系統改進與提供比較有意義的判別。也因此，ITU-T 開發了 P.861 和更新的 P.862 感知語音品質量測法(Perceptual Speech Quality Measurement；PSQM)，主要以更低的客觀式量測來作為主觀收聽品質的補充。PSQM 仍是以 MOS 的五個級別作為參考依據，其不同處是對每一個級別都以百分比的模式作出了差或最差和好或最好的進一步描述，P.861 和 P.862 演算法主要是將參考訊號和受損訊號都分成比較短的交替樣本，並計算每一個樣本的傅立葉交換係數，並作係數的比較。這些演算法都同時要求存取原始文件和輸出文件，才能夠量測後者相對於前者的失眞率。

3. E-Model 和 VQmon

E-Model 的語音品質量測方法是一種客觀式測試方法，它克服了傳統語音品質測試在資料網路量測中的不足。它是由 ITU-T 的 G.107 標準所定義的；E-Model 考慮了延時、雜訊、迴音、編碼器性能、封包遺失、抖動等網路損傷因素對語音品質的影響。它的評價標準如圖 8-14 所示。

E-Model 是爲了對傳輸品質等級，也就是說，確定包含語音通道的特性"R"因素。R 因素的取值範圍爲 0 – 100，0 是最差的 100 是最好的。(一般窄頻電話上 R 因素通常取 50 – 94，而寬頻電話上 R 取值在 50 – 100)。

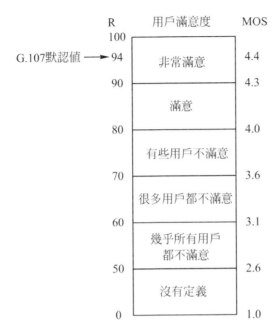

圖 8-14　用戶滿意度等級與 R 值和 MOS 值的範圍對應表

基本E模型等式為：$R = Ro - Is - Id - Ie + A$ ································· (8-1)

其中：

Ro ：指由噪音電平和訊號響度等決定的基礎因素。

Is　：指代表與語音同時出現的訊號損傷，包括響度、量化失真和非最佳化側音電平。

Id　：指滯後於語音訊號的損傷，包括回音和延遲造成的會話困難。

Ie　：指"設備損傷因素"指 VoIP 系統對編碼及封包傳輸訊號的影響。

A　：指"優勢因素"指用戶在撥打電話時的期望因素。

"R"因素的值可以依(8-2)式轉換為會話和收聽品質 MOS 得分的估計值。

$$MOS = \begin{cases} 1 & R > 0 \\ 1 + 0.035R + 7R(R-60)(100-R) \times 10^{-6} & 0 < R > 100 \\ 4.5 & R > 100 \end{cases} \cdots (8\text{-}2)$$

VQmon 是 E-Model 的擴展，其中包含了時變的 IP 網路損傷效應，它能更準確地估計用戶意見。VQmon 中也包含了一些能夠支援寬頻量化的擴展。VQmon 是一種高效的基於 E-Model 的 VoIP 呼叫品質監控技術，它能在功耗低於 P.861/862/563 方法的千分之一的情況下提供呼叫品質得分。E-Model 是歐洲電信標準協會由開發的，本來作爲電信網路的傳輸規劃工具，但該模型也在 VoIP 服務品質測量中廣泛使用。

4. 會談品質的量測

　　會談品質量測比較麻煩且複雜，在會談品質量測中，通常我們會將一群被測的收聽者放在互動式通訊的環境下，並要求他們透過一通電話或 VoIP 系統完成一項調查評分的任務。然後測量人員會在系統中加入延遲和回音等外加效應，再調查測量主體對連接品質及語音品質感受評價如何並作統計表。

　　其實對於互動式的對談而言，幾百毫秒的單向延遲是都可以被忍受的。例如，在兩個相同的 VoIP 系統連接，一個系統則用於朋友間的非正式聊天，而另一個系統用於高交互性的商業洽談。那麼後一個系統中的用戶可能會覺得呼叫品質很差，而前一個系統中的用戶則可能根本注意沒到這一延遲。

　　本實作選擇採用 VQManager 軟體作實際系統 VoIP 的呼叫品質量測。VQManager[46]是一款功能強大基於 Web 的實時監視 VoIP 網路的QoS 監視工具。主要可以監視 VoIP 網路的語音品質、呼叫流量、頻寬利用率並持續跟蹤活動呼叫和失敗呼叫。VQManager 能夠監視支援SIP(RFC 3261) 和 RTP／RTCP (RFC 3550) 的任何設備或用戶代理。在分析失敗呼叫或品質衰退時，它可用作聲音故障診斷系統。在呼叫或聲音品質中發生問題時，可以進一步識別出最佳執行網路背後的原因。當品質衰退到超過了用戶定義的臨界值限制時，它還可以生成警報。

8-4 VQManager 實際量測結果分析

以下為實際利用 VQManager 具體量測操作結果，如表 8-1 所示為 VQManager 系統量測的作業要求，如圖 8-15 所示 VQManager 系統量測作業的網路連接圖。

表 8-1 VQManager 系統量測的作業要求

硬體	作業系統	Web 介面
處理器： ● 1.8 GHz Pentium®處理器 內寸： ● 512 MB 硬碟： ● 200 MB for product & database	Windows： ● Windows 2000 SP4 ● Windows XP Professional Linux： ● Red Hat Linux 7.2 ● Red Hat Linux 8.0 ● Mandrake Linux 10.1	We 介面要求在主機上安裝下面的流覽器： IE 6.0 以上(Windows 系統)Mozilla 1.7 以上(Windows 和 Linux 系統) Firefox 1.0.5 以上(Windows 和 Linux 系統) VQManager 推薦使用 1024 × 768 解析度

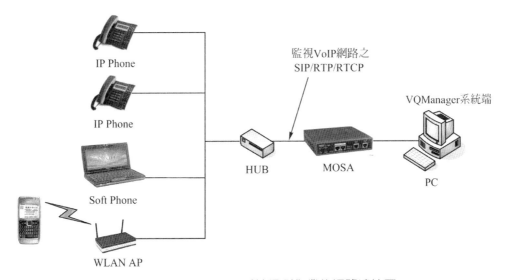

圖 8-15 VQManager 系統量測作業的網路連接圖

VQManager 軟體有 30 天試用版，官方網站下載點為：

http://www.adventnet.com.tw/products/vq/index.html

1. VQManager 軟體按裝完畢後的參數設定

2. 台北端分機 113 IP Phone 撥打 601 分機 Soft Phone：(連結外網 IP)

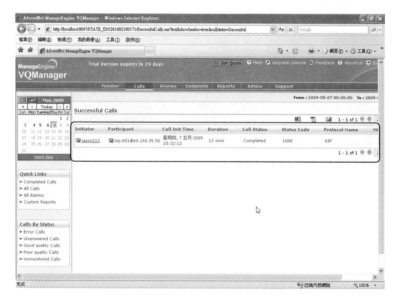

3. 顯示分機撥入時間及數量

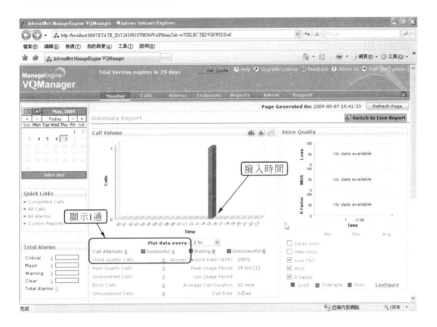

4. 顯示整體語音容量大小

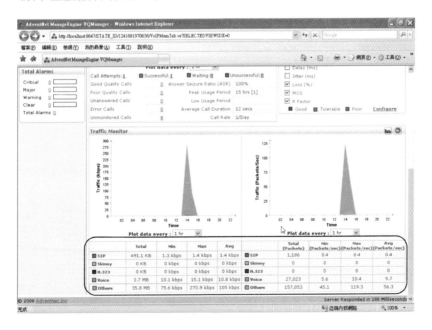

5. 顯示語音品質結果

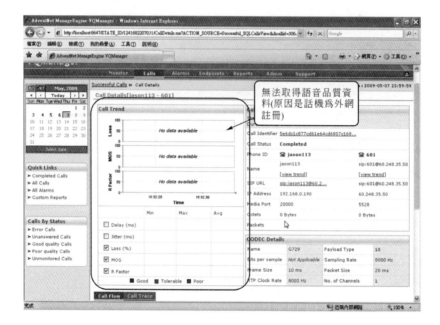

6. 顯示二端分機信令呼叫流程及訊息資訊

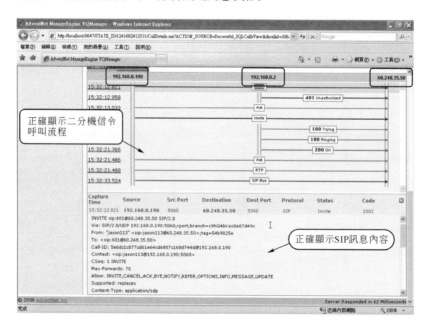

7.　台北端分機 113 IP Phone 撥打上海端 201 分機 IP Phone：(連結外網 IP)

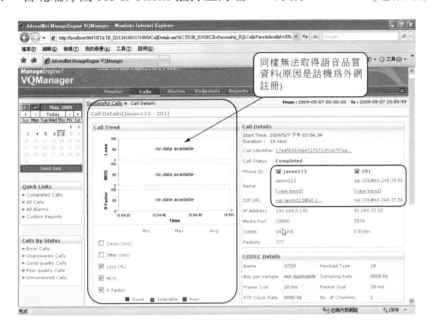

8.　顯示二端分機信令呼叫流程及訊息資訊

9. 台北端分機 602 分機 Soft Phone 撥打 113 分機 IP Phone：(改連結內網 IP)

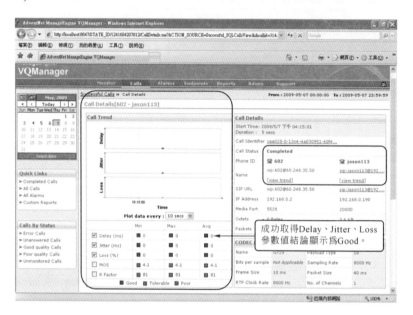

10. 顯示語音品質結果

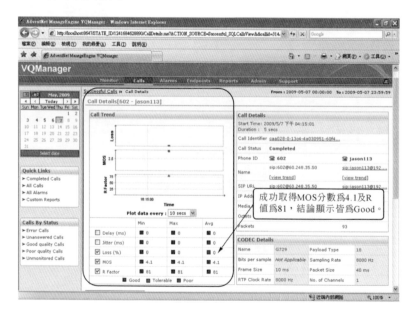

11. 顯示二分機信令呼叫流程及訊息資訊

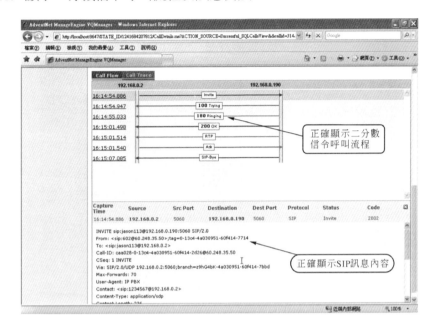

　　附註：在使用 VQManager 軟體操作時，結論是所有終端設備必須採用
　　　　　內網 IP 的位址，否則系統無法監看到語音的品質參數。

12. 另外我們再實際以 Soft Phone 軟體"eyeBeam"內建的功能，監看各分機
　　呼叫過程的訊息內容記錄如下：

(1)　分機 602 為待機狀態(會顯示分機 602)：

(2) 台北端分機 602 分機 Soft Phone 撥打 601 分機 3G 手機：

(3) 顯示二端分機訊息內容

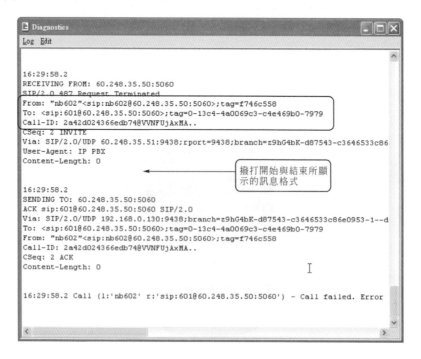

(4)　台北端分機 602 分機 Soft Phone 撥打 113 分機 IP Phone：

(5)　顯示二端分機訊息內容

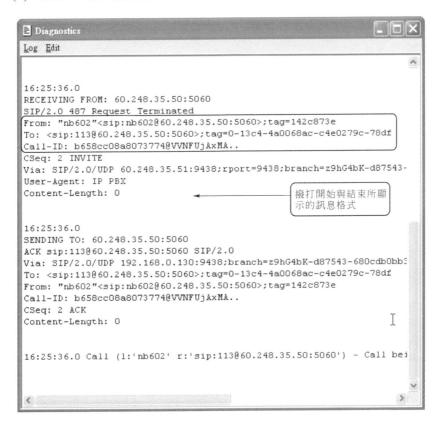

```
16:25:36.0
RECEIVING FROM: 60.248.35.50:5060
SIP/2.0 487 Request Terminated
From: "nb602"<sip:nb602@60.248.35.50:5060>;tag=142c873e
To: <sip:113@60.248.35.50:5060>;tag=0-13c4-4a0068ac-c4e0279c-78df
Call-ID: b658cc08a8073774@VVNFUjAxMA..
CSeq: 2 INVITE
Via: SIP/2.0/UDP 60.248.35.51:9438;rport=9438;branch=z9hG4bK-d87543-
User-Agent: IP PBX
Content-Length: 0                         ← 撥打開始與結束所顯
                                             示的訊息格式

16:25:36.0
SENDING TO: 60.248.35.50:5060
ACK sip:113@60.248.35.50:5060 SIP/2.0
Via: SIP/2.0/UDP 192.168.0.130:9438;branch=z9hG4bK-d87543-680cdb0bb3
To: <sip:113@60.248.35.50:5060>;tag=0-13c4-4a0068ac-c4e0279c-78df
From: "nb602"<sip:nb602@60.248.35.50:5060>;tag=142c873e
Call-ID: b658cc08a8073774@VVNFUjAxMA..
CSeq: 2 ACK
Content-Length: 0

16:25:36.0 Call (l:'nb602' r:'sip:113@60.248.35.50:5060') - Call bei
```

習題

1. 請將下列網路電話所用之設備繪出系統架構圖(可用方塊圖表示)，Router、ADSL、IP Phone、PC、3G Phone、FAX、Printer、NB、WiFi Phone、Wireless AP、3G Node B、VoIP 主機。

2. 請描述 Router WAN 端與 LAN 端的定義？其 IP 是位址如何取得？

3. 請描述網路電話主機電話號碼編碼的規則？其中三個欄位如何定義？

4. 請描述 VoIP 系統三種基本的呼叫服務品質為何？

5. 請描述影響 VoIP 的通話品質(QoS)有那些？

6. 請描述整個網路通話品質量測方法分為那四種方式？

7. 請繪出 E-Model 用戶滿意度等級與 R 值和 MOS 值的範圍對應關係？

第九章 問題與討論

　　網路語音傳送協議(VoIP)技術發展到現在已經非常的成熟，其通話的聲音品質雖然不能與傳統 PSTN 的電信交換方式一致，但聲音品質不會因為線路傳輸距離有所損耗(就算是撥到美國通話品質也 ok)。因為 VoIP 是運用於 Internet 的公眾網路環境上的技術，是否能符合 VoIP 的品質需求？最重要就是考慮整體網路傳輸穩定度的環境因素及設備性能。

　　本書出版主要是在現行中小企業傳統按鍵式電話系統架構下，介紹如何整合 VoIP 的技術的介接應用。我們在不改變原來的按鍵電話系統及使用習慣下，成功的將 VoIP 系統導入該企業內使用，並結合多項的行動加值服務，讓整體網路系統應用更多元化、更節省的話費，得到最佳的成果，真正達到使用網路電話免費的具體成效。在本書一開始的前言談到，在所有的參考文獻中看到的是大家一致的在大型的商用 PBX 系統介接技術上作研究與探討，並無針對大部份中小企業所採用的小型 KTS 系統介接應用探討。現階段，中小企業建置率偏低，其主要原因可歸納幾項：

1. 多數人思維一直著重於節省通訊費的成本方向。
2. 一般中小企業對網路電話不了解及對網際網路的陌生。
3. 資訊訊息的不夠。
4. 政府單位及電信業者並不希望資源流失。
5. 區域建置範圍太小。（若以本書實作案例而言基本上已不算小了）

　　其實我們都忽略了如何在現今高速網路架構下及企業內既有的通訊設備資源上，以有效的整合應用來提升高附加價值服務的重要性，一套具體且用最少的經費投資、兼具方便性、經濟性而且有效的整合方案，真正達到中小企業區域網內的通訊節費及無限通話的目的。透過本書詳細的介紹及實務成功的案例，一定可以提供給中小企業、家庭及個人用戶最有價值的參考依據及操作範例。

在實作過程中發現，整體 VoIP 網路系統實行計劃時須注意事項：

1.　系統採用的設備組件、規格、功能須先充分的了解其效能與應用。

2.　針對企業組織通訊設備之使用習慣及人員使用規劃。

3.　建置的環境及網路現況做通盤調查。

4.　經濟性與財務成本支出分析。

5.　整體建置方案的可行性與經濟效益分析。

6.　整體的建置 VoIP 網路與企業工作網路計劃圖。

7.　系統維護企業內培養專責網路管理者。

在系統實作過程中所遭遇的問題，以及本系統被限制的事項，在此一併提出，希望提供給參考本實作案例的讀者們以及中小企業主作為參考依據。

1.　慎選 VoIP 主機及網路元件，因各廠家所出產的設備功能不等。

2.　大陸地區都為 PPPoE 動態 IP，VoIP 主機端及各終端設備的 IP 位址，無法按標準的 IP 方式登錄註冊，必須使用 VoIP 主機的原廠配置專屬 ID 或搭配動態 DNS Server 註冊。

3.　所有欲登入到大陸地區的全部設備包括 VoIP 主機、IP、Phone、Soft Phone、遠端監控 PC 之網路伺服器 DNS 不可採用自動取得。

4.　上海地區 3G 手機的網路並未全部開放，系統與台灣不同，故 3G 手機無法使用網路電話功能。

5.　由於上海地區網路業者，針對 RTP 的語音端口號管制的很嚴重，必須改變原標準設定值。

6.　如何在企業內共用頻寬的網路架構下，儘可能的分配給 VoIP 系統專屬線路，以減少聲音延遲的問題。

7.　另外「金門」地區目前尚未提供全面 3G 網路(僅有 2G、GPRS)故本實作在「金門」也大部份無法使用 Internet 登錄註冊 3G 手機的網路電話。

本實作案例從裝機到本書初稿大致完成，已執行運作了一年，整體而言從實際配線、裝機、設定、測試、修正一直到正常運作，完整實機安裝讓作者深切體認–「對使用網路的現代人而言，應該更要充份的認識網路的運作模式與技術，運用 VoIP 網路來結合傳統電話或獨立使用網路電話，是絕對可行的。」

　　本書從電話理論基礎，到各種通信協定的技術分析以及實作案例的實際操作到系統成功運作，可為 VoIP 系統更進一步的提出更多的擴展性與延續思考方向。現階段 VoIP 市場在中小企業相較於傳統電話系統市場規模仍相當小，也由於 VoIP 技術標準越來越完整、寬頻網路持續精進，在未來幾年 VoIP 的應用更會逐漸被採用。但，以現況 IP 網路與 PSTN 網路共存的現象，IP 網路如何爭取優勢？以及 IP 網路取代 PSTN 網路後，如何節省所需的傳輸容量？是一個很重要的關鍵因素。現階段 VoIP 要完全取代 PSTN 網路，還尚有一段很長的路要走，以及 IP 網路的語音服務與 QoS 技術，仍有許多問題須再精進，才能使 VoIP 網路發揮的更完美、更流暢。

附錄

 ## 附錄 A 參考文獻

[1] http://zh.wikipedia.org/wiki/%E9%9B%BB%8%A9%B1

[2] http://chatonline.nstm.gov.tw/

[3] 劉博仁譯，*初探 Voice over IP*，上奇科技股份有限公司，台北，五月，2006，第 1-2-1-20 頁。

[4] 何滿龍編著，*通信電學*，全華圖書股份有限公司，台北，二月，2006，第 24-29、44-54 頁。

[5] 葉華軒，**網路電話之設計與製作**，碩士論文，國立中正大學，台北，第 5-9 頁，2003。

[6] 賴薇如、逢愛君、江爲國、張林煌和陳懷恩編著，*網路電話與系統應用*，維科圖書有限公司，台北，4 月，2007，第 149-173 頁。

[7] ANSI."Telecommunication-Signaling System Number7(SS7)-Message Transfer Part (MTP)"T1.11,1996.

[8] ANSI." Telecommunication-Signaling System Number7(SS7)-Integrated Services Digital Network (ISDN) User Part"T1.113,1995.

[9] ANSI."Telecommunication-Signaling System Number7(SS7)-Signaling Connection Part (SCCP)"T1.112,1996.

[10] ANSI."Telecommunication-Signaling System Number7(SS7)-Transation Capability Application Part (TCAP)"T1.114,1996.

[11] 廖彥彰，「電信網路與網際網路信令閘道技術」，*電腦與通訊期刊*，第 101 期，2002，第 15-24 頁。

[12] 陳宏宇編著，*VoIP 網路電話技術*，文魁資訊股份有限公司，台北，11 月，2006，第 2-20-2-25 頁。

[13] 賈文康編著，*SIP 會談啓始協議操典*，文魁資訊股份有限公司，台北，6 月，2008，第一、二章。

[14] H.323 Standards.(http://www.packetizer.com/voip/h323/standards.html）

[15] 陳政良，**H.323 與 SIP 之 VoIP 閘道器架構探討**，碩士論文，亞東技術學院，台北，第 3-7 頁，2005。

[16] 孫行得，**網路電話架構之實測研究**，碩士論文，國立高雄第一科技大學，高雄，第 11-35 頁，2006。

[17] Q.931: ISDN Network Layer Protocol for Signaling.
(http://www.javvin.com/protocolQ931.html)

[18] RFC 1889 - A Transport Protocol for Real-Time Applications
(http://www.packetizer.com/rfc/rfc.cgi?num=1889)

[19] H. P. Sze, S. C. Liew, Y. B. Lee, and C. S. Yip, "A Multiplexing Scheme For H.323 Voice-Over-IP Applications," *IEEE Journal on Selected Areas in Communications*, vol. 20, no. 7, pp. 0733-8716, Sept. 2002.

[20] M. Arango, A. Dugan, I. Elliott, C. Huitema, and S. ickett.,"Media Gateway Control Protocol(MGCP)," in *RFC 2705*, Oct. 1999.

[21] J. Rosenberg, etal., " SIP: Session Initiation Protocol", Network Working Group, in *RFC3261, IETF,* Jun. 2002.

[22] 黃永峰和李建編著，*下一代網路核心控制協議*－SIP 及其應用，人民郵電出版社，北京，一月，2006，第 2-20 頁。

[23] 周海華和邊恩炯編著，*下一代網絡 SIP 原理與應用*，機械工業出版社，北京，五月，2006，第 38-49 頁。

[24] M. Handley and V. Jacobson, " SDP: Session Description Protocol", Network Working Group, in *RFC2327, IETF,* Apr. 1998.

[25] W. Wang, S. C. Liew, and O. K. Li, "Solutions to Performance Problems in VoIP Over a 802.11 Wireless LAN, " *IEEE Transactions on Vehicular Technology*, vol. 54, no.1, pp366-384, Jan. 2005.

[26] C. N. Lai, "Design of New IP Service Using VoIP Integrated with PSTN and Existing PBX ",MD Thesis, Graduate Institute of Computer and Communication Engineering, National Taipei University of Technology, Taipei, pp. 60-66,Jun. 2006.

[27] T. Kita, M. Inagaki, and Y. Nitta "Dktributed Control in a Key Telephone System," *IEEE Journal on Selected Areas in Communications*, vol, sac-3, no4, pp. 595-599, Jul. 1985.

[28] 中華電信網站：http://www.cht.com.tw/CompanyCat.php?CatID=347

[29] IEEE Standard 802.11-1999.

[30] D. Butcher, X. Li, and J. Guo, "Security Challenge and Defense in VoIP Ifrastructures," *IEEE Transactions on Systems, Man, and Cybernetics －Part C:Applications and Reviews*, vol. 37, no. 6, pp 1152-1162, Nov. 2007.

[31] 李立華、陶小峰、張平和楊曉輝編著，*TD-SCDMA 無線網路技術*，人民郵電出版社，北京，八月，2007，第 4-6 頁。

[32] Q. Bi, P. C. Chen, Y. Yang, and Q. Zhang, "An Analysis of VoIP Service Using 1+EV-DO Revision A System," *IEEE Transactions on Selected Areas in Communications,* vol. 24, no. , pp. Jan. 2006.

[33] H. Fathi, S. Member, S. S. Chakraborty, and R. Prasad, "ptimization of SIP Session Setup Delay for VoIP in 3G Wireless Networks," *IEEE Transactions on Moblle Computing*, vol. 5, no. 9, pp. 1121-1132, Sept 2006.

[34] 何淑蘭和陳元凱，「Mobile WiMAX 系統技術研究」，電信研究雙月刊，第 37 夯第 5 期，10 月，2007，第 659-670 頁。

[35] 李蔚澤和許家華編著，WiMAX 技術原理與應用，碁峯資訊股份有限公司，台北，11 月，2007，第 1-14-1-19 頁。

[36] 昱源科技股份有限公司，http://www.vodtel.com.tw/index.asp

[37] MOSA 4600Plus Operation Manual / Technical Manual, Jul. 2008.

[38] 網路通訊研究團隊 / 資策會 MIC 產業分析師，*Mobile VoIP 與行動電話的競合*，第 19-22 頁。

[39] VoIP Phones, http://www.voip-info.org/wiki/view/VOIP+Phones

[40] 行動電話節費器，http://www.iclink.com.tw/taiwan/index.htm

[41] IP Phone,http://www.essti.com/

[42] Soft Phone,http://www.counterpath.net/eyebeam.html.

[43] WiFi/3G Phone, http://www.nokia.com.tw/find-products/products/nokia-e71

[44] 柯守全，**網路電話品質效能與路徑選擇的監測**，碩士論文，逢甲大學，高雄，第 17-27 頁，2002。

[45] A.Clark, **VoIP** 的語音品質測量方法，電子工程專輯，2005，10。
http://www.eettaiwan.com/ART_8800378916_675327_TA_5c4ce775.HTM

[46] VQManager 語音品質量測，http://www.adventnet.com.tw/products/vq/index.html

[47] 呂志輝，**中小企業的 VoIP 整合於傳統按鍵電話系統應用之研究與實作**，碩士論文，國立台北科技大學，台北，2009。

[48] 陳清霖，**以 SIP 為基礎於用戶電話交換機之網路整合彈性編碼研究**，碩士論文，國立台北科技大學，台北，2007。

[49] ITU-T Recommendation G.711,"Pulse Code Modulation (PCM) of Voice Frequencies," Mar. 1996.

[50] ITU-T Recommendation G.729,"Coding of Speech at 8 kbit/s Using Conjugate-Structure Algebraic-Code-Excited Linear Prediction (CS-ACELP)," Mar. 1996.

[51] ITU-T Recommendation G.723.1, "Dual Rate Speech Coder for Multimedia Communication Transmitting at 5.3 and 6.3 kbit/s," Mar.1996.

附錄 B　專有名詞索引

Auto Provision	自動安裝
Auto Route	撥號碼自動路由判別
Auto Trunk Selection	自動外線選取
Automatic Call Release	自動外線釋放

B

Back-To-Back User Agent；B2BUA	背對背用戶代理
Backus-Naur Form；BNF	巴科斯形式語法
Bandwidth	傳輸頻寬
Base Station；BS	網路基地台
Basic Rate Interface；BRI	基本速率介面
Bearer	實體
Behind PBX Operation	搭配 PBX 運作
Binary	進位
Bipolar 8 Zero Substitution；B8ZS	B8ZS 編碼
Bi-Polar violation；BPV	破壞點 BPV
Bluetooth	藍芽
Build-in Dialer	內建撥號器
Build-in DISA	內建自動總機
Busy Hour Call Attempts ；BHCA	忙時呼叫處理能力
Busy Hour Call Completion；BHCC	忙時呼叫完成能力
BYE	結束

C

Call Agent；CA	通話代理
Call Barring	長控表等級
Call Connectivity	連接
Call Control	通話控制
Call Detail Record；CDR	電話通聯記錄
Call Detail Recording	計費通話明細
Call Forward	跟隨

Call Forwarding	電話跟隨
Call Hold	獨佔保留
Call Park	電話註留服務
Call Park	駐留
Call Pickup Group	代接分群
Call Routing Mechanism；CRM	話務轉接機制
Call Setup	通話建立
Call Setup	通話建立程序
Call Setup	通話設定
Call Signaling Protocol	呼叫信令協定
Call Transfer	轉接
Calling Release	釋放呼叫連線
Calling Setup	呼叫連線
Camp On Busy	分機電話及外線路由忙線預約
CANCEL	取消
Capacity Exchange	傳輸的特性
Carrier Gread	服務等級
Centi-Call Second	百秒呼叫
Channel	通道
Circuit Network	電話網路
Circuit switch	線路交換
Circuit Switching	線路交換
Circuit-Related Signaling；CRS	電話線路相關的信令
Circuit-Switched Network	線路交換網路
Client Error	客戶端錯誤
Client/Server；C/S）	客戶端和伺服器
CODEC	多種編解碼器
Codec	編解碼器
Code-Excited Linear Prediction；CELP	低延遲激動碼線預測

Common Battery Telephone Exchange	共電式電話交換機
Common channel Signaling；CCS	共同通道信令系統
Communication Server	通信伺服器
Concurrent Calls	通話能力
Conference Call	會議電話
Configuration	配置
Conjugate Structure-Algebraic Code Excited Linear Predictive；CS-ACELP	共軛結構代數碼激勵線性預測
Connection Control Protocol	連線與控制協定
Connection Oriented	連結導向
Contact	位址
Control Office；CO	電話公司的電話總機房
Country Code	電信國碼
Create	建立
Crossbar Telephone Switching System	縱橫電話交換機
Crosstalk	串音
Customer Premise Equipment；CPE	用戶端設備
Cyclic Redundancy Check；CRC	循環重複性檢測
Cyclic Redundancy Check-4；CRC-4	循環重覆檢查-4

D

Data Bits	數據比次
Data Network	資料網路
Data PABX	資料私用交換機
Data Packetize	資料封包
Data Transmission Protocol	資料傳輸協定
Datagram Message	資料訊息
Delay or Latency	傳輸延遲或遲滯
Delay	延遲
Dial digits	送出電話號碼

Dial tone　　　　　　　　　　　　　　　　　撥號音

Diffserv　　　　　　　　　　　　　　　　　差異性服務

Digital Circuits　　　　　　　　　　　　　　數位電路

Digital PBX Interface　　　　　　　　　　　數位 PBX 介面

Digital Signal Processing；DSP　　　　　　　數位訊號處理

Digital Subscriber Line；DSL　　　　　　　　數位用戶迴路

Digital Subscriber Line Access Multiplexer　　局端設備
　；DSLAM

Digital　　　　　　　　　　　　　　　　　數位式

Direct Outward Dial　　　　　　　　　　　　直接局線撥號

DND　　　　　　　　　　　　　　　　　　勿干擾

Domain Name System；DNS　　　　　　　　網域名稱系統

Domain Server　　　　　　　　　　　　　　服務網址

DTMF tone　　　　　　　　　　　　　　　音調

Dual Tone Multi Frequency；DTMF　　　　　雙音調多頻率

Dynamic Host Configuration Protocol；DHCP　動態網路位址協定

E

Ear and Mouth Lead Signaling　　　　　　　E&M 引導信令

Echo　　　　　　　　　　　　　　　　　　廻音

Electronic Telephone Switching system；TES　電子式電話交換系統

Email-Like　　　　　　　　　　　　　　　電子郵件

Emergency Telephone　　　　　　　　　　　緊急電話

Encryption　　　　　　　　　　　　　　　加密

Endpoint　　　　　　　　　　　　　　　　端點

End-to-End　　　　　　　　　　　　　　　點對點

Erlang　　　　　　　　　　　　　　　　　歐朗

Exchange Area Network　　　　　　　　　　交換區域網路

Extended Superframe Format，ESF　　　　　擴充超框格式

F

Facility Data Link；FPL	設備資料鏈
Fading	衰落
Fast Handoff	快速線路轉移
FAX	傳眞機
Firewalls	防火牆
Fixed	固定式
Flexible Dial-Plan Configuration	彈性撥號編碼機制
Flexible Numbering Plan	彈性號碼計劃
Foreign Exchange Office；FXO	局端單機介面
Foreign Exchange Station；FXS	用戶端單機介面
Frame alignment bit	框定位位元
Frame Relax	訊框中繼器
Frame	資料框
Framing Pattern Sequence；FPS	框碼型順序

G

Gateway	閘道器
Global Error	整體網路錯誤
Globe System for Mobile Communications；GSM	全球行動通信系統
Group Hunting	內線群組
Group Paging	群組廣播
Group Service	群組服務

H

Handover	換手
Hard phone	硬體電話
Header	標題
High Data Rate DSL；HDSL	高速數位用戶迴路
High Density Bipolar 3；HDB3	HDB3 編碼
High Speed Downlink Packet Access；HSDPA	高速下行封包存取

Holding Time	通話時間
Hong Down	拿起電話
Hot Line	熱線

I

Incumbent	業者
Informational signaling	資訊訊號傳送
Informational	回應訊息
Initial Address Message；IAM	起始位址信息
Instant Messager；IM	即時訊息服務
Integrated Services Digital Network；ISDN	整合服務數位網路
Intelligent Network Application Part；INAP	智慧型網路應用部
Intergrate Call Forward	來電轉接整合服務
Internet Engineering Task Force；IETF	網際網路工程任務推動小組
Internet Telephone Gateway；ITG	網路電話閘道器
Interoffice Trunk	機房間幹線
Interworking	介接
Intserv	整合式服務
INVITE	邀請
IP Device Control；IPDC	IP 設備控制協定
IP Enabling	IP 介面
IP Phone	網路電話
IP Sharer	IP 分享器
IP Version4；IPv4	第四代 IP
IP-Based	網際網路協定為基礎
ISDN User Part；ISUP	整體服務數網路用戶部

J

Jitter	抖動
Jitter	延遲跳動
John Warner Backus	約翰-巴科斯

K

Key Telephone System；KTS	按鍵電話系統

L

La Porte	拉波特
Latency	遲滯
Line Coding	線路編碼
Line spectral pairs；LSP	線頻譜對
Linear Predictive Coding；LPC	線性預測編碼
Local loop	本地迴路
Local loops	本地迴路
Local Network	本地網路
Location Server	位置伺服器
Logic Channel	邏輯通道
Long-Haul Network	長距離網路
μ-Law	μ 率壓縮

M

Magneto Telephone Exchange	磁石式電話交換機
Management Protocol	支援管理協定
Master-Slave	主從
Mean Opinion Scaled；MOS	平均意見分數
Media Description	媒體級描述
Media Gateway Control Protocol；Megaco	媒體閘道控制
Media Gateway Control Protocol；MGCP	媒體閘道控制協定
Media Gateway Controller；MGC	媒體閘道控制器
Media Gateway；MG	媒體閘道器
Media Server	多媒體伺服器
Media Sever	媒體伺服器
Media Transport Protocol；MTP	媒體傳輸協定
Medium Access Control；MAC	存取控制協定

Message Body	訊息主體
Message Header	訊息表頭
Message Transfer Part；MTP	訊息轉送部
Message	訊息
Method	方法
Mobile Application Part；MAP	行動電話應用部
Mobility	移動式
Modem	數據機
Modify	更改
Module Control Units；MCU	多個模組控制單元
MTP3-User Adaptation Layer；M3UA	MTP3 使用者腳本階層協定
Multi Frame	複框
Multi-Conference	多方會議電話
Multimedia Control Protocol	媒體控制協定
Multimedia Sessions	多媒體會談
Multiplexer；MUX	數據多工器
Multi-Pulse Maximum Likelihood Quantigation ；MP-MLQ	多脈衝線性預測編碼
Music on Hold	保留音樂

N

Net book；NB	手提電腦
Network Address Transfer；NAT	網路位置轉譯
Network Interface	網路介面
Network Performance	網路效能
Network Time Protocol；NTP	網路時間協定
Networking & Stacking Service	堆疊和連網功能
Next Generation Network；NGN	次世代網際網路
Noise	雜訊
Nomadic	半移動式

Non-Blocking	通話無阻塞
Non-Circuit-Related Signaling：NCRP	電話線路無關的信令
Nyquist theorem	奈奎氏定理

O

Off-Hook	拿起話機聽筒
Offnet Call Forward	網外跟隨
On/Off-Hook switch	掛鉤開關
On-Hook	未拿起話機聽筒
Operation Maintenance Administration Part；OMAP	營運維護管理部
Operator Console	人工值機台
Operator	話務員
OPTIONS	功能詢問
Outbound Proxy	語音通道網址

P

Package Switch	封包交換
Packet Loss	封包遺失
Packet Switching	分封交換
Packet	封包
Peer to Peer	點對點
Perceptual Speech Quality Measurement；PSQM	語音品質量測法
Phone Number	電話號碼
Pick Up	電話來電代接
Plug and Play	隨插即用
Portable	可攜式
Primary Rate Interface；PRI	主要速率介面
Private Automatic Branch eXchange；PABX	自動電話交換機
Private IP Supporting	支援虛擬 IP 地址
Procedure	操作程序
Processor Core and Associated Logic	核心處理器相關邏輯元件

Proprietary Client Provider	程式提供商
Protocol Version	協定版本
Protocol	信令協定
Proxy Server	代理伺服器
Pulse Code Modulation； PCM	博碼調變
Pulse Code Modulation；PCM	博碼調變
Pulse Code Modulation；PCM	脈衝博碼調變
Pulse	脈衝式

Q

Quality of Service；QoS	服務品質
Quantization	量化
Quasi-Electronic Telephone Switching System	電子電話交換機

R

Real Time Protocol	及時傳送協定
Real Time	即時
Real-time Transfer Control Protocol；RTCP	即時傳輸控制協定
Real-Time Transport Protocol；RTP	即時傳輸協定
Reason-Phrase	原因描述
Redirect Server	轉向伺服器
Redirect Server	重定向伺服器
Redirection	重新定向
Register Server	註冊伺服器
REGISTER	註冊
Registered Jack	RJ-11 插座
Release Complete；RLC	釋放完成
Release；REL	釋放
Reliability	可靠性
Repeater	中繼器
Request-Line	請求列

Request-URI	資源標識碼
Residential Gateway；RG	居家閘道
Resource Reservation Protocol；RSTP	資源保留通訊協定
Resource Reservation Protocol；RSVP	資源保留通訊協定
Retarn of Investment；RDI	投資效益
Ring back/Busy tone	回應/忙線音
Ring cadence	振鈴間隔
Ring	振鈴
Ring-back tone	回鈴音
Ring-coil	振鈴線圈
Ringing	話機鈴響
RJ11 Interface	類比訊號介面
Router	路由器
Routing	路由

S

Sampling	頻率取樣
Secretarial Intercept	經理秘書系統
Security	安全性
Selectable Tone/Ring Specification	提示音振鈴週期選擇
Server Error	伺服器錯誤
Server	伺服器
Server	帳號註冊管理網址
Service Control Point；SCP	服務控制點
Service Switching Point；SSP	服務交換點
Session Announcement Protocol；SAP	會議通告協議
Session Announcement Protocol；SAP	會議通告協議
Session Announcement	會談公告
Session Announcement	會談通告
Session Deletion	會談刪除

Session Description Protocol；SDP　　　　　會議描述協議

Session Initiation Protocol；SIP　　　　　　會議起始協定

Session Level Information　　　　　　　　　會談級描述

Session Management　　　　　　　　　　　呼叫處理

Session Modification　　　　　　　　　　　會談修改

Session Setup　　　　　　　　　　　　　　呼叫建立

Session　　　　　　　　　　　　　　　　　與會

Siemens & Halske；S&H　　　　　　　　　西門子霍斯克

Signal Trannsfer Point；STP　　　　　　　信號轉送點

Signal Unit　　　　　　　　　　　　　　　訊號單元

Signaling bits　　　　　　　　　　　　　　信號位元

Signaling Connection Control Part；SSCP　　信號連接控制部

Signaling Control Protocol；SCP　　　　　　呼叫控制協定

Signaling Gateway Controller；SGC　　　　信令閘道器控制器

Signaling Gateway；SG　　　　　　　　　信令閘道器

Signaling Gateway；SG　　　　　　　　　信令閘道器

Signaling Mechanism　　　　　　　　　　信令機制

Signaling Protocol　　　　　　　　　　　信令協定

Signaling System Number7；SS7　　　　　第 7 號信令系統

Signaling system　　　　　　　　　　　　信令系統

Signaling　　　　　　　　　　　　　　　信號

Signalling framing bit；Fs bit　　　　　　信號框位元

Simple Conference Invitation Protocol；SCIP　簡單會談邀請協定

Simple Gateway Control Protocol；SGCP　　簡單閘道控制協定

Singnal　　　　　　　　　　　　　　　　控制信號

SIP Line　　　　　　　　　　　　　　　　IP 分機

SIP Trunk　　　　　　　　　　　　　　　IP 外線

Smooth Handoff　　　　　　　　　　　　平順線路轉移

Soft Phone　　　　　　　　　　　　　　軟體電話

Soft Switch　軟式交換

Specific Trunk Seizure　指定地區外線抓取

Speed Dial　簡碼撥號

Speed　軸行速度

Start Line　起始行

State Proxy Server　狀態式代理伺服器

Stateless Proxy Server　無狀態式代理伺服器

Status-code　狀態碼

Status-Line　況態列

Step By Step Telephone Exchange　步進式電話自動交換機

Stored Program Control；SPC　儲存式程式控制

Stored Program Controlled Switching　程式儲存控制交換機

Store-Program Control Digital Telephone Switching System　程式儲存控制數位電話交換機

Store-Program Control Space Division Telephone Exchange　程式儲存控制空間分隔電話交換機

Stream Control Transmission Protocol；SCTP　串流控制傳輸協定

Success　成功處理

Sundsvall　松茲瓦爾

Superframe；SF　超框

Symmetric DSL；SDSL　對稱式數位用戶迴路

System Control Units；SCU　系統控制單元

T

TCP/IP Protocol Suite　TCP/IP 協定組

Telecom Interface　電信介面

Telephone　電話

Terminal Equipment　終端設備

Terminal framing bit；Ft bit　終端框位元

Terminal　終端機

Terminate	終止
Tie Trunk	中繼彙接
Time division multiplexing；TDM	分時多工
Time Division-Synchronous CDMA；TD-SCDMA	分時-同步分碼多重存取
Time Stamp	時間標記
Timed Alarm	鬧鈴
Tip	尖塞
Tip/Ring	對稱的電線
Tone	信號音
Touch-tone	按鍵
Traffic and Capacity	話務容量
Traffic Class	電話權限控管系統
Traffic Models	話務模示
Traffic volume	內部話務量
Traffic Volume	內部話務量
Transaction Capability Application Part；TCAP	信息交易應用部
Transit Call	撥打公專電話
Translator	轉換器
Transmission Control Protocol/Internet Protocol ；TCP/IP	傳輸控制/網路通訊協定
Transmission Control Protocol；TCP	傳輸控制協定
Transmission	傳輸
Trunk Class	外線分類
Trunk Grouping	外線群組
Trunk Replacement	主幹線替換
Trunk	幹線
Trunking Gateway；TG	幹線閘道

U

Unified Communications；UC	統合通訊

Universal Mobile Telephone System；UMTS	適用性行動通信系統
Universal Resource Identifier；URI	統一資源識別標籤
User Agent Client；UAC	用戶代理客戶端
User Agent Server；UAS	用戶代理伺服器
User Agent；UA	使用者
User Availability	用戶可用性
User Capability	用戶能力
User Datagram Protocol	UDP 協定
User Datagram Protocol；UDP	使用者資料協定
User Interface	使用者介面
User Location	用戶定位
User Name	使用者名稱

V

Very High Data Rate DSL ; VDSL	超高速數位用戶迴路
Video Codec Protocol	影像壓縮協定
Video Phone	影像電話
Virtual Mobile VoIP Operator	虛擬行動 VoIP 營運商
Virtual Private Network；VPN	虛擬私人網路
Voice Compression	語音壓縮
Voice Gateway	語音閘道器
Voice Interface	聲音介面
Voice Log	監聽錄音系統
Voice Mail Integration	整合外接式語音信箱
Voice Mail System	語音信箱系統
Voice over DSL ; VoDSL	語音搭載數位用戶迴路
Voice over IP；VoIP	網路語音協定
Voice PABX	語音私用交換機
Voice	語音

W

Web	網頁
Wideband Coder	寬頻分碼調變
Wi-Fi Alliance	Wi-Fi 聯盟
WiFi Phone	無線電話
Wired Logiccontrol；WLC	佈線邏輯控制
Wireless Local Area Network；WLAN	無線區域網路
Worldwide Interoperability For Microware Access；WiMAX	全球微波存取互通介面標準

X

x Digital Subscriber Line；Xdsl	數位用戶迴路

Z

Zone Paging	區域廣播

1

1x Evolution Date Optimized；1xEV-DO	1x 演進式-數據增強
1xEV-DO revision A；rA	1xEV-DO 版本 A

3

Third-Generation Partnership Project；3GPP	第三代行動電話合作伙伴計劃

國家圖書館出版品預行編目資料

VoIP 網路電話進階實務與應用 / 賴柏洲等編著.
-- 初版. -- 臺北縣土城市 ： 全華圖書，民
99.10
面； 公分
含參考書目及索引
ISBN 978-957-21-7895-9(平裝)

1. 網路電話
471.516   99019320

VoIP 網路電話進階實務與應用

作者 / 賴柏洲、陳清霖、林修聖、呂志輝、陳藝來、賴俊年

執行編輯 / 曾嘉宏

發行人 / 陳本源

出版者 / 全華圖書股份有限公司

郵政帳號 / 0100836-1 號

印刷者 / 宏懋打字印刷股份有限公司

圖書編號 / 10392

初版一刷 / 99 年 12 月

定價 / 新台幣 400 元

ISBN / 978-957-21-7895-9

全華圖書 / www.chwa.com.tw

全華網路書店 Open Tech / www.opentech.com.tw

若您對書籍內容、排版印刷有任何問題，歡迎來信指導 book@chwa.com.tw

《全華圖書股份有限公司總經銷》

臺北總公司(北區營業處)
地址：23671 臺北縣土城市忠義路 21 號
電話：(02) 2262-5666
傳真：(02) 6637-3695、6637-3696

中區營業處
地址：40256 臺中市南區樹義一巷 26 號
電話：(04) 2261-8485
傳真：(04) 3600-9806

南區營業處
地址：80769 高雄市三民區應安街 12 號
電話：(07) 862-9123
傳真：(07) 862-5562

全省訂書專線 / 0800021551

有著作權 · 侵害必究